曾晓萍　孙艳军　樊继德　主编

图说大蒜

江苏凤凰科学技术出版社·南京

图书在版编目（CIP）数据

图说大蒜 / 曾晓萍等主编 . — 南京：江苏凤凰科
学技术出版社 , 2024.1
ISBN 978-7-5713-3494-9

Ⅰ . ①图… Ⅱ . ①曾… Ⅲ . ①大蒜－蔬菜园艺 Ⅳ .
① S633.4

中国国家版本馆 CIP 数据核字 (2023) 第 055948 号

审图号 GS（2023）1014 号

图说大蒜

主　　编　曾晓萍　孙艳军　樊继德
策划编辑　沈燕燕
责任编辑　严　琪
责任设计　徐　慧
责任校对　仲　敏
责任印制　刘文洋

出版发行　江苏凤凰科学技术出版社
出版社地址　南京市湖南路 1 号 A 楼，邮编：210009
出版社网址　http://www.pspress.cn
印　　刷　南京新洲印刷有限公司

开　　本　787mm× 1 092mm 1/16
印　　张　5.75
字　　数　120 000
版　　次　2024 年 1 月第 1 版
印　　次　2024 年 1 月第 1 次印刷

标准书号　ISBN 978-7-5713-3494-9
定　　价　42.00 元

图书如有印装质量问题，可随时向我社印务部调换。

前　言

　　习近平总书记指出，产业振兴是乡村振兴的重中之重。各地推动产业振兴，要把"土特产"这3个字琢磨透。要依托农业农村特色资源，向开发农业多种功能、挖掘乡村多元价值要效益，向一二三产业融合发展要效益，强龙头、补链条、兴业态、树品牌，推动乡村产业全链条升级，增强市场竞争力和可持续发展能力。

　　"土特产"是指来源于特定区域，依据本地气候、土壤、水质、历史人文传统、技术、劳动力等方面的优势所生产的品质优异的农产品或加工产品。大蒜产业无疑是"土特产"的典型代表产业，产区集中、特色明显、产业链长、品牌突出。中国大蒜在国际市场中占绝对优势，栽培面积占世界大蒜的60%左右，产量超过70%，全产业链产值超过1 000亿元，大蒜是我国出口农产品中单一品类出口额最大的，年创汇额20亿美元左右，对农民增收农业增效做出了积极贡献。但是，大蒜产业受市场影响波动仍较大，影响最广泛的"蒜你狠"事件，缘起于2009年随着通货膨胀向普通商品蔓延，大蒜价格居高不下，直至2010年出现疯涨超过100倍，价格超过肉和鸡蛋的现象，"蒜你狠"因而也成了当年网络十大流行语之一。我国大蒜种植以中小农户生产种植为主，经营模式以自产自销为主，产品以原料和初级加工为主，在产业链条整体提升、市场风险控制等方面仍有较大空间。如何加快大蒜产业集群建设，推进大蒜产业延链、补链、壮链、优链，贯通产加销、融合农文旅，拓展大蒜产业增值增效空间，应引起高度重视。

　　目前，市面上出版的有关大蒜栽培技术、生产加工、产业研究、文化艺术等书籍有10多本，内容上以传统知识、单一环节为主，前瞻创新性、全产业链内容较少，版面形式大多以文字加小部分黑白图片为主。为适应大蒜产业发展"从抓生产到抓链条、从抓产品到抓产业、从抓环节到抓体系转变"的需求，也为了进一步提升大蒜图书可读性，满足快节奏社会生活的需要，本书以产业链视角，在内容编写上将深奥的专业知识转化成浅显的科普知识，将关注点从传统生产管理向现代的机械化、标准化、智能化、品牌化发散开来，同时，收集展示了来自全球的大蒜主要品种40余个，首次发布大蒜需肥规律及精准施肥方案，提出了大蒜冻害标准，展示全球首个大蒜智能化生产服务平台，对大蒜加工、物流、贸易、文化也做了系统阐述。在版面形式上，以丰富多彩的图片加上简明扼要的文字，同时辅以直观易懂的短视频，使得整本书趣味性、可读性大大提升，既适用于大蒜产业管理领导、技术专家，也适用于大蒜生产、加工、贸易主体阅读，当然，也非常适合作为科普读物供非专业人群了解大蒜产业，还可作为农业院校教学及农业农村培训的辅助教材。

《图说大蒜》受到国家特色产业集群建设项目"江苏中晚熟大蒜产业集群建设"大力支持，通过项目实施，创造了大蒜产学研攻关、一二三产融合的宝贵平台，书中许多创新性内容均来自其子项目"大蒜机械智能化作业技术攻关与绿色生产技术集成示范推广"三年持续支持得以呈现。本书编写人员主要来自子项目协作团队成员，包括江苏省农业技术推广总站、江苏省农业科学院、南京农业大学、江苏徐淮地区徐州农业科学研究所、徐州市农业农村综合服务中心、盐城市蔬菜技术指导站、江苏黎明食品集团有限公司、江苏诺丽人工智能有限公司以及特邀的金乡大蒜研究所等单位相关工作人员。本书特别邀请了南京农业大学黄保健教授、徐州市农业农村局张爱民研究员、江苏徐淮地区徐州农业科学研究所杨峰研究员进行审稿，同时，还特别得到江苏省农药总站沈迎春二级研究员精心指导。衷心感谢以上领导、专家和团队成员以高度专业水平、认真负责态度和极大耐心对本书的大力支持，同时，也特别感谢国家特色产业集群建设项目"江苏中晚熟大蒜产业集群建设"的大力支持。

因编者水平有限，科学知识也在不断迭代更新，本书难免有错漏和不足之处，恳请广大读者批评指正。

编　者

2023 年 11 月

《图说大蒜》编写人员

主　编　曾晓萍　孙艳军　樊继德
副主编　顾鲁同　马金骏　魏利辉　李　骅　张黎明　范晓荣　张永涛　宋立晓　张洪永
审　稿　黄保健　张爱民　沈迎春　杨　峰

编写内容		参编人员
1. 大蒜产业概况	1.1~1.3	樊继德、刘灿玉、葛洁
	1.4	马龙传、曾晓萍
2. 大蒜生长发育及产地环境	2.1	曾晓萍、孙艳军、夏冬健
	2.2	马金骏、顾鲁同
	2.3	宋立晓、王亚、冯发运、李勇
	2.4	
3. 大蒜生产管理	3.1	樊继德、刘灿玉、葛洁
	3.2	樊继德、张洪永、王秀梅、姜新菊、尤春、梁文斌、周杰
	3.3	樊继德、刘灿玉、葛洁
	3.4	曾晓萍、樊继德、刘灿玉、葛洁、孙艳军
	3.5	范晓荣、钱开芸、姚杨、樊继德、刘灿玉、葛洁、张永涛、毛伟、胡凤琴、张静薇
	3.6	曾晓萍、宋立晓、王亚、冯发运
	3.7	魏利辉、王晓宇、李英华、周冬梅、邓晟、冯辉、刘宗泉、袁登荣、吴永东
	3.8	孙艳军、尤春
	3.9	李骅、王永健、葛艳艳、徐国栋
4. 大蒜数字化信息化生产		张永涛、杨贵军、毛伟、胡凤琴、张静薇、谭昌伟、赵海涛、朱海梅、李博
5. 大蒜品质		孙艳军、范晓荣、钱开芸、姚杨
6. 大蒜仓储与贸易		郭文琦、张培通、张黎明、韩洪庚
7. 大蒜加工与消费利用		张黎明、韩洪庚、曹梦辉、王欢庆、郭文琦、张培通
8. 大蒜文化与休闲		张黎明、韩洪庚、曹梦辉、王欢庆、郭文琦、张培通、冯玉、范思妍、孙艳军
9. 附录：大蒜标准体系		孙艳军、曾晓萍
10. 章首语		樊继德、曾晓萍
11. 短视频		张永涛、杨贵军、毛伟、胡凤琴、张静薇
12. 绘画		曹晓明、赵敏

目 录

小视频二维码手机扫码播放说明
（扫码时请注意页面平整，光线充足）

　　方法 1：打开微信"扫一扫"→扫描二维码→点击"继续访问"→点击播放箭头 ▶

　　方法 2：打开手机任意浏览器（如 UC 浏览器）→点击右上方搜索框中"相机"图标→扫描二维码→点击播放箭头 ▶

大蒜是我国优势特色农产品，也是我国农产品出口创汇额最多的单项产品。"从哪里来？到哪里去？为何会在这里？"一直是业界想要探究明白的。本章以国际视野阐述了全球大蒜的产业概况、起源与传播、品种类型分布，简明扼要地回答了以上问题，让读者对大蒜产业有个基本的认识，为后文的撰写和理解奠定了基础。

1

大蒜产业概况

1.1 产业现状

大蒜（*Allium sativum L.*）为百合科葱属一、二年生草本植物，主要以鳞茎和鲜嫩的花茎为产品器官，富含糖类、蛋白质、维生素及大蒜素等多种营养物质，具有独特的营养价值和药用价值。大蒜在全球均有种植，近年，全球种植面积稳定在 163 万公顷左右，总产量达 2 800 万吨左右，主要集中在亚洲，占全球种植面积的 86% 以上，总产量占 90% 以上，中国、印度是主要的大蒜种植国。

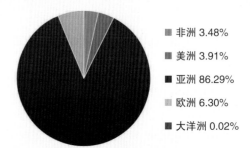

- 非洲 3.48%
- 美洲 3.91%
- 亚洲 86.29%
- 欧洲 6.30%
- 大洋洲 0.02%

2020 年全球大蒜种植面积占比
[数据来源：联合国粮食及农业组织（FAO）数据库]

2020 年世界大蒜产量及占比

地区	产量 / 吨	占比 /%
世界	28 054 318	100
亚洲	25 685 561	91.56
欧洲	867 275	3.08
美洲	751 839	2.68
非洲	747 762	2.67
大洋洲	1881	0.01

中国大蒜在世界上占有绝对优势，在 2000—2007 年间种植面积和产量一直稳中有升，至 2008 年趋于稳定。目前，我国大蒜生产县约有 70 个，大蒜播种面积常年稳定在 80 万公顷左右，年产量在 2 000 万吨左右。

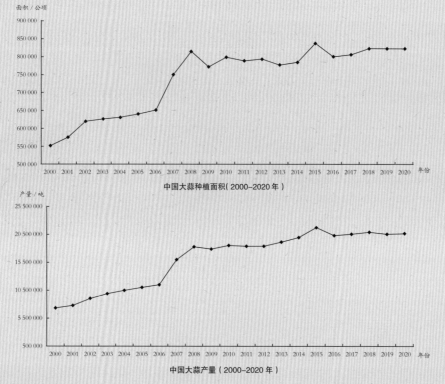

中国大蒜种植面积（2000-2020 年）

中国大蒜产量（2000-2020 年）

2000-2020 年中国大蒜种植面积及产量
[数据来源：FAO 数据库]

1.2 起源与传播

目前,关于大蒜的起源地,存在3种说法,据《中国植物志》和《中国大百科全书》记载,大蒜起源于亚洲西部或欧洲。

起源假说

假说1 起源于亚洲西部高原地区和地中海沿岸地区

假说2 起源于北亚的西伯利亚地区

假说3 起源于欧洲南部和中亚,最早在古埃及、古罗马、古希腊

蔬菜小镇的蒜精灵

大蒜于西汉时期由张骞出使西域时被引入中国,在中国已有2 000多年的栽培历史。9世纪初,由中国传入朝鲜和日本;16世纪初,大蒜被探险家和殖民者带到南美洲和非洲等地;18世纪后期,大蒜又被引种到北美洲。目前,除南极洲外,大蒜在各大洲均有种植。

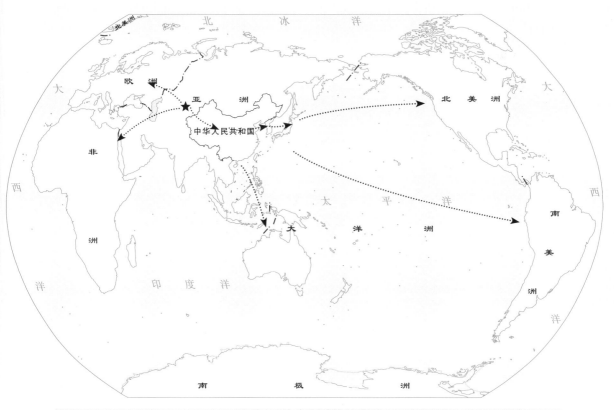

大蒜起源与传播路线示意图

多多益蒜

1.3 品种与分布

大蒜品种资源丰富，品种分类方式多样。按皮色可分为白皮蒜和紫皮蒜；按主要收获器官可分为头蒜、薹蒜、头薹兼用蒜和青蒜；按抽薹与否可分为有薹蒜和无薹蒜；按成熟期可分为早熟蒜、中晚熟蒜和晚熟蒜；按播种期可分为秋播蒜和春播蒜；按叶的硬度可分为软叶蒜和硬叶蒜；按生态型可分为低温反应敏感型品种、低温反应中间型品种和低温反应迟钝型品种。

硬叶大蒜

头蒜（白皮蒜）

头蒜（紫皮蒜）

薹蒜（鳞茎）

头薹兼用

软叶大蒜

野生蒜

不同类型大蒜

中国大蒜产地集中在山东省、河南省及江苏省等地，其中以山东省济宁市金乡县、临沂市兰陵县、济南市莱芜区、河南省开封市杞县、郑州市中牟县及江苏省徐州市邳州市集中度最高，产量最大，形成六大主产区。

中国大蒜主要产区与品种分布

省份	地区	品种
山东省	金乡县、兰陵县等	头蒜：金乡红皮蒜、金乡白皮蒜等； 头薹兼用：苍山四六瓣
河南省	杞县、中牟县、通许县及尉氏县等	杞县大蒜、中牟大蒜
江苏省	邳州市、丰县、沛县、射阳县、大丰区、太仓市等	头蒜：邳州白蒜、徐蒜917、徐蒜918、太仓白蒜等； 头薹兼用：二水早、三月黄等
河北省	大名县、永年区等	永年大蒜、大名紫皮蒜
四川省	新都区、彭州市及内江市等	新都软叶（叶用）、田家大蒜（头蒜）、红七星和温二早（头薹兼用）等
云南省	弥渡县、宾川县、洱源县、鹤庆县及祥云县等	以早熟蒜为主，中晚熟和晚熟大蒜次之； 早熟蒜：红七星、早蒜； 中晚熟：温二早、二季早； 晚熟蒜：山东白皮蒜、迟蒜

邳州白蒜 白皮蒜，株高62.55厘米，株幅68.10厘米，叶长54.14厘米，叶宽3.23厘米，假茎高28.60厘米，假茎粗1.67厘米，单株叶片数9~10叶，单头重50.51克。

金乡红皮 紫皮蒜，株高59.10厘米，株幅69.75厘米，叶长58.41厘米，叶宽3.25厘米，假茎高29.20厘米，假茎粗1.60厘米，单株叶片数8~10叶，单头重49.43克。

中牟大蒜 紫皮蒜，株高62.30厘米，株幅67.20厘米，叶长58.81厘米，叶宽3.57厘米，假茎高32.70厘米，假茎粗1.91厘米，单株叶片数9~10叶，单头重60.08克。

大青棵 紫皮蒜，株高67.40厘米，株幅65.20厘米，叶长58.95厘米，叶宽3.67厘米，假茎高36.05厘米，假茎粗2.01厘米，单株叶片数8~9叶，单头重63.60克。

徐蒜918 紫皮蒜，株高68.89厘米，株幅50.01厘米，叶长66.22厘米，叶宽3.45厘米，假茎高42.41厘米，假茎粗1.96厘米，单株叶片数7~8叶，单头重73.23克。

徐蒜917 白皮蒜，株高64.77厘米，株幅49.88厘米，叶长65.67厘米，叶宽3.44厘米，假茎高39.40厘米，假茎粗1.90厘米，单株叶片数7~8叶，单头重73.13克。

1.4 世界各地主要大蒜品种名录

邳州白蒜

江苏省徐州市邳州市地方品种。生育期260天左右，蒜头大，皮色洁白，商品性好。其植株形态特征酷似苏联红皮蒜。蒜头扁圆形，蒜头横径一般为5.5～7.5厘米，单头重50克左右，大者可达70克。刚收获蒜头外皮为淡紫色，干燥后呈灰白色带紫色条斑，最外面的皮膜剥落后，则为纯白色。每个蒜头有蒜瓣13～17个，分两层排列。

金乡白蒜

山东省济宁市金乡县地方品种。生育期255～260天，株高90～100厘米，叶片数17片，最大叶片长40～45厘米、宽3厘米、茎直径2.0～2.5厘米，根系发达，蒜薹粗壮，直径0.6～1.0厘米，蒜头纯白色，皮厚不散瓣，直径6.5～7.5厘米，11～15瓣，大瓣多芯瓣少，单蒜头重70～80克。

聊城大蒜

山东省聊城市地方品种。植株长势强，株高80厘米左右，蒜头扁圆形，横径5厘米左右，形状整齐，外皮灰白色带紫色条斑，单头重50克左右。每个蒜头有蒜瓣10～13个，分两层排列，外层7～9瓣，内层3～4瓣。

太空一号

该品种经过地方品种变异选育而成；株高90～100厘米，株幅40厘米，根系发达，生长势强，假茎粗大。叶片宽、厚、长，叶色墨绿，蒜头扁圆形，横径5.5～7.0厘米，形状整齐，单头重70克左右。每个蒜头有蒜瓣10～13个，分两层排列，外层蒜瓣肥大，内层为中小蒜瓣。

射阳大蒜

江苏省盐城市射阳县、大丰区主栽品种，属于头薹兼用品种，蒜薹粗细均匀，无黄斑，无黄梢，蒜薹长60～70厘米，蒜头蒜瓣均匀，蒜头白色。

金乡1号

在金乡红皮蒜基础上优选的大蒜品种，属杂交系大蒜，耐热、抗病，为头薹兼用品种，株高80～90厘米，蒜头大、蒜头直径6.0～7.5厘米，蒜皮紫红色、蒜皮厚结实不易散瓣，耐运输、蒜瓣夹心少。

苍山大蒜

山东省兰陵县(原苍山县)地方品种。生育期240天左右，属中晚熟品种，为头薹兼用品种。植株高80～90厘米，全株叶片数12片；蒜头近圆形，形状整齐，外皮薄，白色，单头重35克左右。每个蒜头有6～7个蒜瓣，分两层排列，瓣形整齐。蒜衣2层，稍呈红色。

太仓白蒜

江苏省苏州市太仓市地方品种，属苗、薹、头三者兼用品种，丰产性好。株高92厘米，株幅40厘米。假茎高约40厘米，粗约1.3厘米。全株叶片数12片，最大叶宽2.8厘米。蒜头近圆形，横径约4厘米，形状整齐，外皮白色，单头重25克左右。每个蒜头有蒜瓣6～9瓣，分两层排列。

金乡四六瓣

该品种经地方品种变异培育而成，植株生长健壮、根系发达，假茎粗大、抗重茬性好，生育期比金乡本地普通大蒜晚5～7天，蒜头近圆形，蒜头大，蒜头直径6.0～8.0厘米，形状整齐，外皮灰白色带紫色条斑，单头重70～80克。每个蒜头有蒜瓣7～10个，分一层排列，无蒜芯。

嘉祥大蒜

山东省济宁市嘉祥县地方品种。头薹兼用品种。生育期250天左右，株高95厘米，叶片狭长，直立，叶表面有白粉。蒜头外皮紫红色，每个蒜头的蒜瓣数多为4～6瓣，分两层排列。蒜头大小均匀，平均单瓣重4.4克。

金蒜3号

以金乡紫皮大蒜为材料采用系谱选育而成。生育期约243天，株高约100厘米，株型较大，假茎粗1.8～2.0厘米；叶色浓绿，总叶片数17片；蒜头外皮微紫红，高4.9～5.4厘米，单头直径5.5～6.0厘米，单头重70～80克；蒜瓣外皮紫红色，大小均匀，排列整齐而紧凑；单头瓣数外缘9～10个，内层3～5个。

微山大蒜

山东省济宁市微山县地方品种，植株长势强，蒜头扁圆形，横径5厘米左右，形状整齐，外皮灰白色带紫色条斑，单头重40～50克。每个蒜头有蒜瓣10～12个，分两层排列，外层7～8瓣，内层3～4瓣。

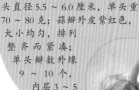

金乡红皮大蒜

从苏联红皮大蒜中定向选育而成；该品种株高90～100厘米，根系发达，生长势强，假茎粗大。叶色墨绿，蒜头扁圆形，横径5.5～7.0厘米，形状整齐，外皮灰白色带紫色条斑，单头重70克左右。每个蒜头有蒜瓣10～13个，分两层排列，外层8～9瓣，内层2～4瓣，外层蒜瓣肥大，内层为中小蒜瓣。

大名白蒜

河北省邯郸市大名县地方品种。生育期250~260天，株高113厘米，株型中等大，叶色浓绿，总叶片数16~17片，蒜头高4.9~5.4厘米，蒜皮微紫红色，单头直径4.8~5.8厘米，蒜头平均单重85克，单头瓣数：外缘8~10个，内心3~4个。抗病性、抗寒性强。

金蒜4号

由金乡紫皮变异株选育而成，属早熟类型品种，生育期232天，株高95厘米，蒜皮微紫红色，鳞茎平均单重85g，单头瓣数外缘7~8个，内心2~3个，平均单头直径6.1厘米；蒜薹直径0.6厘米，长度75厘米；叶色浅绿，总叶片数15片，抗病性好，耐重茬。

大名红蒜

河北省邯郸市大名县地方品种。生育期约250天，株高113厘米，株型中等大，叶色浓绿，总叶片数17片，蒜皮微紫红色，平均单头直径4.8~5.8厘米，蒜头平均单重85克，单头瓣数：外缘8~10个，内心3~4个。抗病性、抗寒性强。

莱芜大蒜

山东省济南市莱芜区地方品种。蒜头外形圆正，直径3.5~5.0厘米，皮色洁白、瓣整齐，不易散瓣，商品性较好，利于加工。蒜头蒜薹产量高，质细辣味香，抗寒力强，休眠期长，耐贮藏。

毕节蒜

贵州省毕节市地方品种，株高91厘米，株幅44.6厘米，假茎高32厘米左右，粗1.8厘米。单株叶片数13片，最大叶长63厘米，最大叶宽4厘米。蒜头近圆形，横径5.3厘米，外皮淡紫色，平均单头重50克左右，大者达70克。每个蒜头有蒜瓣11~13瓣，分两层排列，蒜瓣较大。

川蒜

四川省成都市郊区地方品种，耐寒、耐热、抗病力强、适应性强，头薹兼用型品种，抽薹率高，亩产蒜薹400~500千克。蒜头外皮淡紫色，呈圆形。每个蒜头有8~9个蒜瓣，分两层排列，外层为6瓣，内层为2~3瓣。

赫章红皮1号

贵州省毕节市赫章县地方品种，头薹兼用型品种。蒜头近圆形，横径4.5~6.5厘米，外皮淡红色，单头重45~55克左右，大者达70克。每个蒜头有蒜瓣7~9瓣。蒜瓣较大，平均单瓣重2.5~3.0克，大瓣重4克。蒜衣1层，淡紫色。

温江红七星

四川省成都市温江区常规地方大蒜品种，又名硬叶子、刀六瓣。属中熟类型品种，生育期230天左右。株高71厘米，全株叶片数11~12片，蒜头扁圆形，形状整齐，外皮淡紫色，单头重25克左右。每个蒜头有蒜瓣7~8个，蒜瓣形状、大小整齐，抽薹率80%左右，薹细长。

赫章紫皮3号

贵州省毕节市赫章县地方品种，头薹兼用型品种。蒜头近圆形，横径3.5~5.0厘米，外皮淡紫色，平均单头重30~40克，每个蒜头有蒜瓣7~9瓣，分1层排列。蒜瓣平均单瓣重2.5~3.0克。

赫章紫皮1号

贵州省毕节市赫章县地方品种，头薹兼用型品种。蒜头近圆形，横径3.5~5.0厘米，外皮淡紫色，单头重25~40克。每个蒜头有蒜瓣8~11瓣，蒜瓣较小，分两层排列，外层7~10，内层1~2个。

麻江红蒜

贵州省黔东南州麻江县主栽品种，属头薹兼用型的晚熟大蒜品种，生育期245天左右，自然高度50~60厘米，开张度30~32厘米，叶肉厚，单株叶片数13~14片；蒜头呈扁圆型，横径4~5厘米，蒜头外皮深红至紫红色，蒜瓣上有紫色条纹，单个蒜头有蒜瓣8~9瓣，蒜瓣乳白，质密脆嫩，辣香味浓郁，单头均重35克左右，抽薹率85%~95%，薹长60厘米左右，直径0.2~0.4厘米，单薹重12~20克。

云南独头蒜

一般用四川温江红七星品种在云南大理种植所得，为紫皮蒜，外衣紫红色或浅紫白色，蒜头扁圆形或圆形，不分瓣，肉质乳白色，质地清脆，色泽一致，蒜味辛辣回甘，香味较浓。蒜头大小规格一般分为横径4厘米以上、3~4厘米、2~3厘米、2厘米以下等。个头大、质优，外形美观，食用剥皮方便，可食率比普通瓣蒜高5%~10%。

吉木萨尔白蒜

新疆维吾尔自治区昌吉回族自治州吉木萨尔县地方品种。株高约75厘米，株幅约34厘米，假茎高15厘米左右米，粗约1.4厘米。单株叶片数14片，蒜头扁圆形，横径5厘米左右，外皮白色，平均单头重40~60克。每个蒜头有蒜瓣10~11瓣，分两层排列，瓣形整齐，蒜瓣间排列紧实，平均单瓣重3.5克。抽薹率95%以上。

紫星开花大蒜

从云南省保山市地方品种中选育出的开花变异新品种，植株生长强势，叶片呈长披针形，硬质，叶脉明显有纵棱。花薹硬质，平均长约80厘米，平均直径1.3厘米，花薹顶端有一鼠尾状总苞，由膜质包叶包裹，随着总苞发育增大，膜质包叶裂开脱落。开花后小花花梗伸长形成聚伞花序。花球直径8~10厘米，小花直径0.7厘米，小花梗长4~5厘米。小花萼呈紫红色。花朵采收后鳞茎可继续膨大，以供食用。蒜头白色，直径4~6厘米，种瓣5~8个。

民乐大蒜

甘肃省张掖市民乐县地方品种。株高约78厘米，单株叶片数16片，最大叶长66.5厘米，最大叶宽2.4厘米。蒜头近圆形，横径5.2厘米，形状整齐，外皮灰白色带紫色条纹，平均单头重50克左右。每头蒜有蒜瓣6～7个，分两层排列，内、外层的蒜瓣数及大小无明显差异，蒜瓣肥大而且匀整。

新疆红蒜

新疆地方品种。中熟品种，生育期285～288天，叶片长披针形，叶长60厘米左右，叶宽2.60厘米左右，叶片绿色。叶鞘及假茎浅黄绿色，叶片数10片。株高71厘米，株幅40.00厘米，单株蒜瓣数5～7瓣；鳞茎扁圆球形，横径5～6厘米，外皮紫红色，单重60克，蒜头辣度高，易储藏，抗寒性强。

昭苏六瓣蒜

新疆维吾尔自治区伊犁哈萨克自治州昭苏县地方品种。生育期320天左右，单株叶片数9片，叶色浓绿，叶片蜡粉较厚。蒜头近圆形，横径5～6厘米，外皮淡紫色，每个蒜头的蒜瓣数多为6瓣，少者4瓣，分两层排列，内、外层蒜瓣数及蒜瓣大小的差异不大。瓣形肥大而整齐，蒜衣1层，紫褐色。

白皮狗牙蒜

吉林省双辽市（原郑家屯）地方品种。株高89厘米，株幅18厘米，株形较直立。假茎长36厘米，粗1.2厘米。单株叶片数22片，最大叶长51厘米，最大叶宽2.2厘米。蒜头近圆形，横径5厘米左右，外皮白色，平均单头重30克左右。每头蒜有蒜瓣15～25个；分2～4层排列，蒜瓣形状像狗牙，平均单瓣重1.2克。蒜衣1层，淡黄色，不易剥离。抽薹率低，蒜薹细小，无商品价值。

嘉定大蒜

上海市嘉定区地方品种，又称嘉定白蒜。生育期240～245天，株高约80厘米，株幅约30厘米。假茎高30厘米左右，粗约1.3厘米。全株叶片数13～15片，叶片绿色，较直立；蒜头扁圆形，横径4厘米；形状很整齐，外皮白色，单头重22克。每个蒜头有蒜瓣6～8瓣，分两层排列，内、外层蒜瓣数及重量差异很小。蒜衣2层，色洁白。抽薹性好。

山西曲沃改良蒜

山西省临汾市曲沃县地方品种，植株长势旺盛，叶片深绿，有蜡粉。蒜头扁圆形，横径5.5厘米左右，外皮紫色，平均单头重40克，大者达50多克。每头蒜有蒜瓣12~14瓣，肉质致密，辛辣味浓。

羊山开花蒜

该品种植株生长强势，叶片呈长披针形，硬质，叶脉明显有纵棱。花葶硬质，花薹顶端有一鼠尾状总苞，由膜质包叶包裹，开花后小花花梗伸长形成聚伞花序。小花萼呈青绿色。花朵采收后鳞茎可继续膨大，蒜头白色，以独头为主，须根上有硬质壳包被的小鳞茎。

日本大蒜

日本品种，叶片扁平狭长，色绿，叶鞘圆筒形，该蒜种辛辣味较淡，略有甜味，蒜头表皮与肉质均为白色，蒜头平均高5～7厘米，横径8～10厘米，一般株高50～60厘米，单株蒜鲜质量为40克左右，最大达60克，蒜头有蒜瓣4～5瓣，有时也有3瓣，蒜瓣形状为不规则，蒜薹较粗壮，平均亩产蒜薹200～300千克、蒜头800～1000千克。

南欧蒜

该品种原产于欧洲中部和南部，别称葱韭、韭葱。植株生长强势，叶片呈长披针形，硬质，叶脉明显有纵棱。花葶硬质，平均长约80厘米，花薹顶端有一鼠尾状总苞，由膜质包叶包裹，开花后小花花梗伸长形成聚伞花序。花球直径6～8厘米，小花萼呈青绿色。花朵采收后鳞茎可继续膨大，以供食用。蒜头白色，以独头为主，须根上有硬质壳包被的小鳞茎。

天津六瓣红

天津市宝坻区地方品种。株高65厘米，株幅25厘米。假茎高26.5厘米，粗1.5厘米。单株叶片数9片，叶色浓绿，叶面蜡粉较厚，最大叶长50.7厘米，最大叶宽2.4厘米。蒜头扁圆形，横径5厘米左右，外皮淡紫色，单头重30克左右。每个蒜头的蒜瓣数一般为6瓣，少者5瓣，多者7瓣，分两层排列蒜瓣大小相近，瓣形整齐，排列紧实。

美国象大蒜

该品种是大蒜的一个变种，植株生长强势，蒜棵高大，坚实，叶片硬质，叶脉明显有纵棱。花秆宽阔，开花后小花花梗伸长形成聚伞花序。象大蒜的球茎非常大，单重最大可达500克。平坦的叶子很像韭菜。蒜头的味道比起韭菜来更接近大蒜，口感甜美温和，大多被当成蔬菜运用于沙拉等各式菜肴。

埃及大蒜

该品种主要产于尼罗河流域，此地是大蒜原产地之一，也是世界上最早种植大蒜的区域之一。为头薹兼用型品种。蒜头长圆形，横径4.0～5.5厘米，外皮白色，平均单头重40～60克。每个蒜头有蒜瓣13～17瓣，分两层排列，蒜瓣间排列紧实，瓣形整齐，外缘7～9个，内层6～8个，外层较大，内层明显较小，细长排列紧密。

美国蒜

该品种由美国引进，蒜头扁圆形，横径5～7厘米，外皮白色，单头重50～60克。每个蒜头有蒜瓣12～16瓣，分两层排列，蒜瓣间排列紧实，瓣形整齐，外缘6～7个，内层6～9个，抽薹率低。

大蒜为喜冷凉作物，历经秋燥萌动、寒霜孕育，在春日的呵护下，缤纷五月华丽出彩，头顶小辫子、脚踩风火轮，完成了其一生的使命和担当。本章图文并茂地介绍了大蒜的生育进程、器官发育和形成过程，分析了大蒜生长环境和主产区气候特点，让读者更能清楚地了解大蒜的生长历程，为大蒜科学普及提供关键知识点，也为指导生产提供了理论依据。

2

大蒜生长发育及产地环境

2.1 生育期及生育阶段

0. 播种（萌芽）期

00 打破休眠的大蒜；

01 种蒜瓣开始吸水膨胀；

03 湿种蒜瓣膨胀结束；

05 茎盘基部生长新根；

07 生长锥开始分化，叶片开始伸长；

08 新根向土里生长；

09 初生叶（发芽叶）破土可见或出现绿芽；

10 初生叶开始弯曲，可见钩状，从初生叶的出叶口伸出普通叶。

01

03

07

09

1. 苗期

11 第 1 普通叶清晰可见（3 厘米）；

12 第 2 普通叶清晰可见（3 厘米）；

13 第 3 普通叶清晰可见（3 厘米）；

......

19 第 9 普通叶或更多普通叶清晰可见（3 厘米）。直至烂母（种蒜瓣开始干瘪）。

13

2. 花芽分化期

20【烂母】鳞瓣干瘪腐烂，大蒜植株幼苗期结束；

21 第 1 花芽分化；

22 第 2 花芽分化；

......

3. 鳞芽分化期

31 叶基部开始变稠或延长；

32 鳞芽开始分化，株高约 10 厘米，主茎粗度达最终直径的 20%；

34 株高约 20 厘米，主茎粗度达最终直径的 40%（开始分批采收蒜苗）；

35 主茎粗度达最终直径的 50%；

......

4. 抽薹期

41【坐脐】生长锥生长发育成蒜薹锥形，薹高约 1 厘米；

43 花蕾直径达到预期花苞体积的 30%；

45【显尾】总苞顶端露出顶生叶的出口，整个花茎鞘闭合；

47【露苞】花萼片微裂，总苞膨大部分露出出叶口；

49【甩弯】薹茎达最终长度和粗度，并向一旁弯曲，此时头花花瓣微露出花萼，但花苞芽仍闭合（蒜薹最佳收获期）。

49

5. 鳞茎膨大期

51 叶已出齐，叶面积最大、根系生长最快，花序总苞开始抽出叶鞘，鳞茎开始生长；

53【鳞茎膨大初期】花茎采收前后，具有顶端生长优势；

55【鳞茎膨大盛期】花茎采收后，顶端生长优势解除，根量不再增加，叶片由绿转黄（约 10% 叶片弯曲），植株长势衰退，营养物质大量向蒜头转移；

57【鳞茎膨大末期】约 50% 叶片弯曲，植株假茎（管状叶）倒伏；

59 鳞茎头接近最终大小，叶片死亡，鳞茎干枯（蒜头最佳收获期）。

6. 气生鳞茎形成期（与鳞茎膨大期同期）

61 第 1 个气生鳞茎形成；

62 20% 的气生鳞茎形成；

65 50% 的气生鳞茎形成；

67 70% 的气生鳞茎形成；

69 几乎全部的气生鳞茎形成，种瓣发白。

69

7. 生理休眠期（衰老期，从鳞茎膨大后期开始）

72 植株地上部叶片和新梢开始变色；

75 植株地上部分约 30% 干枯；

77 地上部植株死亡；

79 后熟过程，储藏及种瓣处理（回到 00 期）。

77

萌芽期　　　　　　　　幼苗期（三叶一心）　　　　　幼苗期（五叶一心）

越冬期　　　　　　返青期　　　　　　抽薹期　　　　　鳞茎膨大期

2.2 发育及器官形成

2.2.1 发育阶段

大蒜的生长发育和器官形成有一定顺序性。

大蒜发育阶段

两个发育阶段是不可逆、不可替代、不可缺少的，如果受到外界条件或本身内在原因的影响，没有通过这两个阶段，那么花芽和鳞芽有时可以不分化、少分化、多分化而形成独头蒜和少瓣蒜或复瓣蒜。

第一阶段 ➡ **第二阶段**

此阶段为春化阶段，且是绿体春化，即植株达到一定大小，在0~4℃条件下需30~40天完成春化。

此阶段以光照为主，一定时长（一般13小时）以上的长日照和较高温度下才能完成光周期。以后在长日照和较高温度下，才能进行花芽分化、抽薹、分瓣，形成鳞茎。

2.2.2 器官形成

根： 大蒜的根为不定根，呈弦线状，数量少，分支少，根毛稀疏，着生于鳞茎盘，由茎盘下位逐渐向上发生，且大多于靠近蒜瓣背面的茎盘边缘先发，腹面茎盘只在后期少量

大蒜根系（1）

大蒜根系（2）

发根。大蒜有两个发根高峰，分别是播种后一周和翌年茎叶生长盛期及蒜薹蒜瓣分化形成时期，后期温度升高后，根系按照发生先后依次衰老死亡。

叶：大蒜的叶片由叶身、叶舌和叶鞘三部分组成，由短缩茎中央生长点分化的叶原基原始体发育而成。播种时种瓣内已分化出5片幼叶，播种后继续分化新叶至花芽分化。大蒜一生一般形成12~15片叶，对称排列。大蒜叶片生长包括出苗至越冬前和返青至抽薹前两个生长高峰。越冬至返青前受低温影响部分叶片变黄发干，叶面积下降。抽薹后，随气温升高和鳞茎膨大，叶片养分向鳞茎转移，导致叶片衰败，叶面积急速下降。

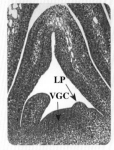

LP—叶原基，
VGC—营养生长锥

叶片分化解剖结构

大蒜叶片

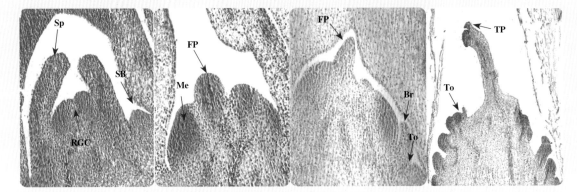

Sp—总苞原基；SB—鳞芽原基；RGC—生殖生长锥；FP—小花原基；
Me—分生组织；Br—花被片原基；To—气生鳞茎原基；TP—花被片原基。

花茎分化解剖结构

花茎：一般花茎直立，长约60厘米，花茎顶部着生包被花序的总苞，也有一些品种花茎不发达，营养条件充足的情况下才有部分植株花茎伸出鞘外。完成春化与光照阶段后，大蒜花茎开始分化，时期与鳞芽分化相近，此时生长点停止分化叶原基，而分化出带有缺刻且基部膨大的总苞原基，总苞原基经过不断分化，待花序上所有小花的花器官分化完成后，总苞伸出叶鞘，随着蒜薹伸长，花序逐渐成熟，总苞内花芽最终形成一朵完整小花（包含内外两轮分布的 6 片花瓣、6 枚雄蕊和 1 枚雌蕊），至此花序完全形成。抽薹后，生产上常见的大蒜品种抽薹后小花发育异常并逐渐枯萎退化而无法开花，少数品种（如美国大蒜）总苞内不分化形成气生鳞茎，抽薹后小花形态正常，形成伞状花序并可正常开花。

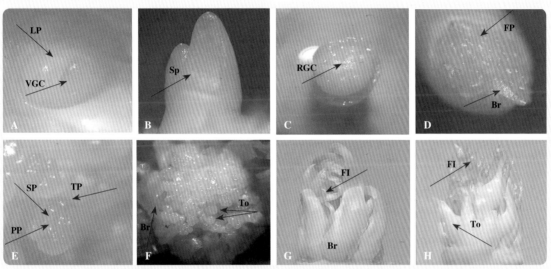

Br—苞片；Fl—花；FP—花原基；LP—叶原基；PP—雌蕊原基；RGC—生殖生长锥；SP—雄蕊原基；Sp—总苞；To—气生鳞茎；TP—花被片原基；VGC—营养生长锥；A：未分化期的花芽形态；B~C—总苞和花序原基分化期的花芽形态；D—小花原基分化期的花芽形态；E—花器官原基分化期的花芽形态；F—抽薹初期的花序形态；G~H—抽薹后期的花芽形态。

大蒜花芽分化进程

分化气生鳞茎和苞片的品种抽薹初期（1、2）及抽薹后期（3、4）花序形态

不分化气生鳞茎和苞片的品种抽薹初期（5、6）及抽薹后期（7、8）花序形态

大蒜花茎（蒜薹）　　大蒜花

蒜四样

鳞茎：鳞茎（蒜头）由鳞芽（蒜瓣）构成，鳞芽由叶芽原基原始体膨大形成，围着花茎基部着生。成熟的鳞芽由外到内一般由保护叶、贮藏叶、萌芽叶及3~4片普通叶叶原基组成。鳞芽分化与花序分化同时或稍迟。鳞芽分化的数目与品种、花序分化及植株营养均有关，不同的品种鳞芽分化数差异较大，有的品种7~10个，有的品种13~18个，而顶芽不分化花序或植株营养积累不足也会导致鳞芽分化减少（2~5个）或不分化，如种蒜很小或晚播的大蒜易因未通过春化不分化花序或营养积累不足，而导致鳞芽分化减少或不分化，而形成无薹少瓣蒜或独头蒜。

鳞茎（蒜头）

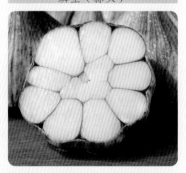

鳞茎横切面

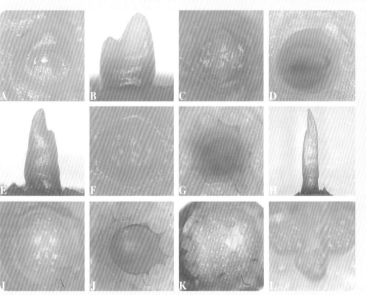

A—叶原基分化时期；B~D—分化出总苞，进入花序原基分化期和鳞芽分化期；E~G—9片叶时总苞伸长，进入小花原基分化期，在最内1~2片叶腋间分化出一轮鳞芽；H~J—9片叶时期总苞继续伸长，分化出更多的球形小花原基，可观察到形成两轮大小不一的新生鳞芽且不同鳞芽之间存在缝隙；K—9片叶时期花器官原基分化；L—花器官原基分化期的花芽形态。

大蒜器官分化时期

独头蒜

大蒜的"意外"

14

2.3 大蒜对环境条件的要求

2.3.1 温度

大蒜喜冷凉气候，不同生长时期对温度的要求不同。

3~5℃便可开始萌发。

30℃以上的高温会抑制萌发

萌发期

16~20℃最适合萌发。

秋季播种过早时，出苗慢，不要太早播种。

12~16℃最适合生长。

短时间 -10℃，也能忍受。

长时间 -3~-5℃，也不怕。

幼苗期

冬季月平均最低气温在 -6℃以上的地区，秋播大蒜可以在露地安全越冬。

大蒜花芽和鳞芽的分化都需要低温，适宜温度为12~16℃。

花芽伸长和鳞茎膨大的适温为15~20℃。

超过25℃，茎、叶逐渐枯黄，鳞茎增长减缓乃至停止。

花芽鳞芽分化至鳞茎膨大期

无论秋播还是春播，鳞茎的成熟期差不太多，播种过迟必然导致蒜头产量下降。

休眠期

在鳞茎休眠期对温度的反应不敏感，但是……

25~35℃的较高温度有利于维持休眠状态。

5~15℃的低温有利于打破休眠，促进鳞芽提早萌发。

2.3.2 光照

大蒜花茎和鳞茎发育除了受温度的影响外，还与光照时间的长短有关。不同生态型品种花茎和鳞茎发育对光照时间的要求不完全相同。

不同类型品种大蒜花茎和鳞茎发育对光照时间的要求

不同类型品种	花茎发育	鳞茎发育
低温反应敏感型品种	光照时间长短对花茎发育影响不大	鳞茎的发育以12小时光照为宜。小于8小时光照，鳞茎发育稍差
低温反应中间型品种	在12小时光照下，花茎发育良好，小于8小时光照，花茎发育不良	鳞茎在13~14小时光照下发育良好
低温反应迟钝型品种	花茎发育需要13小时以上的光照	鳞茎发育需要14小时以上的光照，在12小时光照下一般不形成鳞茎

大蒜要求中等强度光照

光照过强时，叶绿体解体，叶组织加速衰老，叶片和叶鞘枯黄，鳞茎提早形成。

光照过弱时，叶肉组织不发达，叶片黄化。

在避光或半遮光条件下，种蒜在适宜的温度和水分下会生长成为金黄色或黄绿色、柔嫩鲜美的蒜黄。

2.3.3 水分

大蒜叶片呈带状，较厚，表面积小，尤其是叶表面有蜡粉等保护组织，地上部具有耐旱的特征。因此，大蒜能适应干燥的空气条件，适宜的空气相对湿度为45%~65%，在设施栽培中，因空气湿度大，很易诱发叶部病害。

大蒜的根系浅，根毛少，吸水范围较小，所以不耐旱，但不同生育期对土壤湿度的要求有差异。

大蒜不同生育期对土壤湿度的要求

生长阶段	土壤水分要求
萌发期	较高的土壤湿度，促进发根和发芽
幼苗期	适当降低土壤湿度，防止苗徒长，促进根系向纵深发展
花芽鳞芽分化期	保持较高的土壤湿度，促进植株生长，为花芽、鳞芽的分化和发育打基础
抽薹及鳞茎膨大期	生长日趋旺盛，要求较高的土壤湿度
鳞茎膨大后	降低土壤湿度，防止鳞茎外皮腐烂变黑及散瓣

2.3.4 土壤

由于根系吸收力较弱，大蒜对土壤肥力的要求较高，适宜在富含有机质、透气性好、保水、排水性能好的沙质壤土或壤土中栽培。

要选择地势较高、地下水位较低的地段栽培大蒜。

在地下水位高且排水不良的土壤上种蒜，在抽蒜薹后20~25天就要采收蒜头，过晚易发生散瓣、烂瓣现象。同时由于蒜头膨大期短，产量降低。

大蒜生长对土壤的质地、有机质含量、pH值等均有要求。

在地下水位低且排水良好的土壤中种蒜，可在抽薹25天后再采收蒜头，蒜头的膨大期较长，产量也较高。

大蒜喜微酸性土壤，以pH值为6的土壤最适宜。

在碱性较强的土壤中种蒜，蒜种容易腐烂，植株生长不良，蒜头变小，独头蒜增多。

2.4 主产区气候特点

有文献报道，环境气候的差异性对大蒜农艺性状及品质性状存在较大的影响，大蒜虽为无性繁育但仍存在遗传多样性。研究提出，产地环境主要影响大蒜四大成分。这四大主成分包含产量构成因子、鳞茎外观品质构成因子及营养品质构成因子等方面。

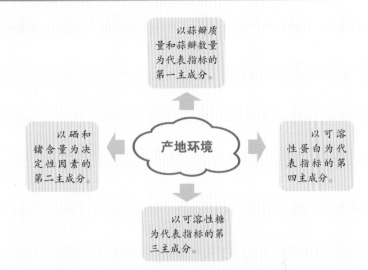

4 个大蒜主产区的典型气候特点

主产区	气候特点	主要气象参数和土壤特点
江苏省邳州市	暖温带半湿润季风气候，四季分明，季风显著，光照和雨量充足，水土潮湿	年平均气温 14.0℃，年平均降水量 867.8 毫米，年平均日照时数 2 318.6 小时，年无霜期 210 天。年平均相对湿度 74%。地处黄泛沙土平原，土壤养分齐全、理化性状好、有机质含量高，特别适合大蒜生长
山东省金乡县	暖温带季风大陆性气候，降水较为充沛，温度条件和光照条件较好	年平均气温 13.8℃，年平均降水量 694.5 毫米，年平均日照时数 2 096.9 小时，年无霜期 212 天。以潮土为主，土质疏松，易耕作，适于须根系作物生长
河北省大名县	温带半湿润大陆性季风气候。四季分明，气候温和，光照充足，雨量适中，雨热同季，无霜期长，干寒同期	年平均气温 13.5℃，年平均降水量 504.9 毫米。全年降水主要集中在 6—8 月，此期平均降水量 307.1 毫米；12 月至翌年 2 月降水稀少，平均为 16.1 毫米。年无霜期 200 天，年平均日照时数 2 557 小时。黏质土壤，土地肥沃
河南省中牟县	温带大陆性季风气候，气候温和，四季分明，雨热同期	年平均气温 14.2℃，年平均降水量 616 毫米，年平均日照时数 2 366 小时。年无霜期 240 天。土质肥沃，土壤中富含钙、磷、铁等物质，极适宜大蒜生长

大蒜为无性繁殖作物，品种改良和良种繁育难度大。本章节重点概述了大蒜育种技术、良种繁育方法，主产区整地、播种、地膜覆盖、肥水运筹、主要病虫害防治和机械采收的技术应用情况，图文并茂，读者一目了然，具有较好的生产指导性。

3

大蒜生产管理

胜蒜在握

3.1 品种选育与脱毒种苗繁育

3.1.1 品种选育

大蒜品种资源丰富，但因其为无性繁殖作物，种质创新与新品种的选育具有一定的难度。目前育种主要以无性系选育为主，育种目标结合生产所需，如高产、优质、多抗、耐贮、专用型品种等。大蒜育种手段以常规育种为主，现代育种技术为辅。

大蒜育种手段
- 无性系选育：系统选育、集团选择法
- 诱变育种
  - 射线辐照（γ射线、δ射线等）
  - 化学诱变（秋水仙素、安磺灵及氟乐灵等）
  - 航天诱变
- 有性杂交
- 现代生物技术
  - 体细胞无性系变异
  - 体细胞杂交育种
  - 分子标记辅助育种

3.1.2 脱毒种苗繁育

生产上常采用异地留种、提纯复壮两种方式进行繁种，但由于长期无性繁殖易引起种性退化，为解决这个问题，可采用脱毒种苗繁育。利用病毒在植物体内分布的不均匀性，即茎尖的分生组织含病毒少或不含病毒，进行大蒜脱毒种苗繁育。具体操作流程如下：

5—6月取外植体于0~5℃冷藏3~8周。

→ 鳞芽消毒（自来水冲洗0.5~1.0小时，后于无菌条件下75%酒精消毒1分钟、0.1%次氯酸钠溶液消毒3分钟，最后无菌水冲洗3遍）、剥取0.2毫米左右茎尖、接种。

→ 茎尖初代培养（B5培养基+3毫克/升6-BA+0.1毫克/升萘乙酸，含蔗糖30克/升、琼脂6克/升，pH值5.8~6.0），温度23~25℃、光照14~16时/天、光强25.0~37.5微摩尔/（米²/秒）、相对湿度60%以上。

60天左右，视生长情况进行生根诱导（1/2 B5培养基+0.05毫克/升萘乙酸）。

移栽（网室） ← 试管苗驯化 ← 病毒检测

组培室茎尖初代培养

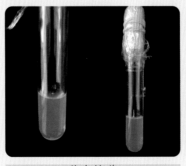

茎尖培养

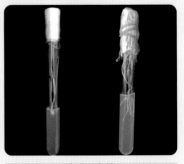

生根诱导

炼苗

气候箱培养

组培苗驯化（网室）

原种繁育（网室）

3.2 耕作制度

3.2.1 大蒜播种方式、时期及生产区域

大蒜播种方式、时期及生产区域

播种方式	播种时期	生产区域
秋播大蒜	9 月下旬至 10 月上旬	中国主要的大蒜栽培模式，如山东、江苏、河南、四川及云南等地均以秋播为主
春播大蒜	2 月下旬至 3 月上旬	以高纬度地区种植为主，如东北三省、内蒙古及新疆等地

3.2.2 大蒜生产流程

整地施肥 → 拉蒜沟 → 播种 → 喷药 → 覆膜

覆膜 → 钩蒜（破膜）

蒜头采收 ← 蒜薹采收 ← 病虫害防治 ← 肥水管理 ← 钩蒜（破膜）

施基肥

整地

拉蒜沟

播种

打药

覆膜

钩蒜（破膜）

浇水

追肥

喷药

蒜薹采收

蒜头采收

3.2.3 大蒜主要轮作及间套作模式

大蒜耕作模式

省份	耕作模式	种植作物
江苏省	旱旱轮作/间套作	玉米—大蒜、大豆—大蒜、辣椒—大蒜
	水旱轮作	水稻—大蒜
河南省	旱旱轮作	玉米—大蒜
山东省	旱旱轮作	辣椒—大蒜

①水稻—大蒜轮作模式

水稻—大蒜轮作

大蒜种植区多为旱地，以旱旱轮作为主。水、土、气自然资源适宜大蒜、水稻生长需求的区域，可以采取蒜—稻轮作，这种轮作模式优势：一是有利于改良土壤，通过水旱轮作、精耕细作和增施有机肥，有效促进土壤熟化，改善土壤物理性质；二是有利于抑制病虫害，水稻种植可淹杀好气性病原菌，同时大蒜具有抑制病菌和驱虫作用；三是有利于预防杂草，水旱轮作可使水田和蒜田部分杂草不能萌发或造成危害；四是有利于增加效益，大蒜于5月中下旬开始采收，可提早给水稻让茬，有利于延长水稻生长期，从而提高水稻产量，同时稻茬蒜产量也高于旱茬蒜。

茬口：大蒜一般在10月中旬播种，翌年5月中下旬采收。水稻在5月初育苗，6月上旬定植，10月上旬收获。

玉米—大蒜轮作

大豆—大蒜轮作

②大蒜/辣椒套种模式

茬口：大蒜一般在9月下旬至10月上旬播种，翌年5月上中旬采收。红辣椒2月底3月初育苗，4月上中旬套栽至大蒜行间，9月中下旬一次性收获。

品种：大蒜宜选用中晚熟高产品种如邳州白蒜等，辣椒宜选择能够越夏、抗高温、抗逆性强、特辣的品种如高辣816、高辣919、草莓辣、红满天子弹头、牛角菜椒等品种。

种植规格：每4行大蒜打一畦埂，畦宽80~100厘米，株距12~13厘米，行距20~22厘米，播种后覆土压实以不露蒜头为准，每亩*种植2.7万~3.0万株。辣椒定植在大蒜的畦埂上，行距80~100厘米，株距30厘米左右。这种套种模式可以有效地促进大蒜与辣椒的高产。

---

* "亩"是我国农业生产中常用的面积单位（1亩约为666.7平方米；1公顷为15亩）。为便于统计计算，本书部分内容仍用"亩"作单位。

大蒜/辣椒套种

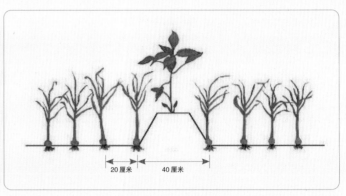

大蒜/辣椒套种模式

③大蒜/玉米套种模式

茬口：大蒜一般在9月中旬至10月上旬播种，翌年5月初采收蒜薹，5月中旬至6月初采收蒜头。玉米在4月底播种，9月上旬采收。

品种：头蒜品种选择大青棵、徐蒜6号，薹蒜品种选择射阳白蒜、二月黄，玉米选择苏玉糯10号或苏玉糯14号等。

种植规格：2行大蒜套1行玉米，大蒜株距12~15厘米，行距15~20厘米，每亩种植3万~4万株，玉米行距60厘米，株距20厘米，每亩种植3 500~4 000株。

大蒜/玉米套种

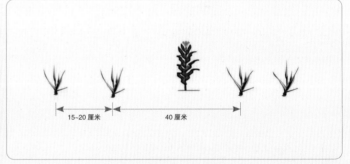

大蒜/玉米套种模式

④青蒜/二茬蒜/玉米高效栽培模式

茬口：青蒜7月底8月初播种，10月上中旬上市，10月中下旬播种第二茬蒜，翌年4月底5月初蒜薹上市。3月底4月上旬在大蒜行间套种玉米，8月上旬收获。

品种：青蒜品种选择二水早，二茬蒜品种选择二月黄，玉米品种选择苏玉糯10号或苏玉糯14号等。

种植规格：青蒜株距7~10厘米，行距12厘米，每亩4万株左右。二茬蒜株距12~15厘米，行距15~20厘米，以每亩3.5万株为宜，4行二茬蒜1行玉米，玉米行距80厘米，株距20厘米，每亩种植2 000~3 000株。

二茬蒜／玉米套种

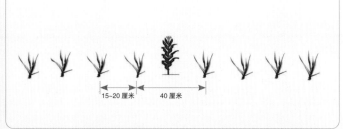

青蒜／二茬蒜／玉米套种高效栽培模式

⑤**青蒜／青毛豆／青玉米高效栽培模式**

茬口：青蒜8月中下旬播种，翌年元月起上市，3月上中旬收获完毕；青毛豆在清明前后播种，覆盖地膜，并留空行以便种植玉米，6月青毛豆上市；青玉米5月在青毛豆行间播种，8月收获上市。

品种．青蒜品种选用二水早、紫皮蒜、白皮蒜均可。青毛豆选用黑河4号、辽鲜1号等品种。青玉米品种选用苏玉糯2号、沪玉糯系列品种。

青蒜青毛豆套种

种植规格：青蒜株距7~10厘米，行距12厘米。青毛豆播种前，将地整成2.6米宽的厢面，中间留60厘米宽的空幅，留作播种两行玉米；青毛豆播种，行距30厘米，株距20厘米。

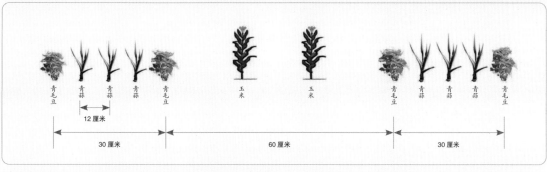

青蒜／青毛豆／青玉米套种高效栽培模式图

3.3 耕整与播种

{ 深耕细耙、肥土混匀
土块细碎、浅松土
土面平整

{ 无机械损伤
具有品种典型特征
蒜瓣饱满、无病害

机器自动选蒜和自动分瓣

人工选蒜和分瓣

施肥　　　　　　　　　　机械翻耕

人工拉沟　　　　　人工播种　　　　　机械播种

3.4 地膜覆盖技术

地膜规格： 普通透明薄膜或有色（银黑色、绿色）薄膜，幅宽 1~4 米，厚度 0.01 毫米，也可选用同等规格的全生物降解地膜。

覆盖方式： 平整覆盖，做到地膜紧贴畦面，无空隙、无皱纹、无破损（有洞时需用土及时堵上）。

播种覆土 ⇒ 平整地表 ⇒ 覆盖地膜 ⇒ 破膜

覆盖有色膜　　　　覆盖透明膜　　　　人工破膜　　　全生物降解地膜替代试验

3.5 肥水运筹

3.5.1 需肥规律

大蒜根系为弦状肉质须根，主要分布在 20~25 厘米的耕层内，属浅根性蔬菜，对肥水反应敏感。在大蒜生长过程中，对氮、磷、钾养分的需求以氮最多，钾次之，磷较少，缺氮对产量的影响最大，缺磷影响次之，缺钾的影响相对较小。同时，土壤中的有效硫和锌能明显提高蒜头及蒜薹品质。

在大蒜萌芽期，生长量小、生长期短，消耗的养分也少，所需的各种养分由种蒜提供。随着大蒜进入苗期，生长时间长并需要越冬且原本蒜种中的养分逐渐耗尽，对土壤中养分需求较高；越冬完成后，大蒜进入返青期，此时大蒜生长进一步加快，需要从土壤中吸收较多养分以保证返青；返青完成后进入鳞芽花芽的分化后，即抽薹期和膨大期，此时大蒜对肥料要求更强烈，应及时追肥，追肥的种类以氮肥和钾肥为主。鳞茎膨大后期，叶片逐渐枯黄，根系老化，吸收力减弱，吸肥量减少，一般不再追肥，特别要控制氮肥的施用，否则易导致鳞茎开裂和散瓣，或者形成面包蒜和马尾蒜。

面包蒜鳞茎　　正常大蒜鳞茎　　面包蒜叶片　　正常大蒜叶片　　马尾蒜

3.5.2 常规肥水管理

肥料 { 以基肥为主，追肥为辅
以有机肥为主，化肥为辅
增施硫钾肥或大蒜专用肥

常规肥水管理

基肥	追肥"三水三肥"		
	返青期	抽薹期	鳞茎膨大期
每亩施腐熟禽粪肥1 000~1 500千克或饼肥150~200千克或商品有机肥100~200千克，同时施复合肥40~50千克	每亩施尿素10~15千克；浇好返青水，"三浇三不浇"（上午浇下午不浇，晴天浇阴天不浇，浇小水不浇大水）	需肥、需水高峰期：每亩施水溶性三元复合肥（N:P$_2$O$_5$:K$_2$O=15%:5%:25%）20~25千克（其中K的形态为K$_2$SO$_4$，以补充硫肥，同时可补充锌肥，Zn含量不低于0.02%）；浇足抽薹水，视土壤墒情浇足、浇透水	水溶性高钾复合肥10~15千克（其中K的形态为K$_2$SO$_4$）；浇好膨大水，直至收获前一周要保持土壤湿润

施基肥

随水追肥　　　　　　　　　　　追施叶面肥

3.5.3 测土配方施肥

测土配方施肥是根据作物需肥规律、土壤供肥性能和肥料效应，在合理施用有机肥料的基础上，选择氮、磷、钾及中微量元素等肥料的施用数量、施肥时期和施用方法。测土配方施肥技术有针对性地补充作物所需的营养元素，作物缺什么

大蒜测土配方施肥试验1（邳州市）

元素就补充什么元素、需要多少补多少，实现各种养分平衡供应，满足作物的需要，从而达到提高作物产量、降低农业生产成本、保护农业生态环境的目的。

大蒜测土配方施肥试验2

3.5.4 江苏省大蒜施肥参数

应用测土配方施肥技术，根据江苏大蒜生产实际，确定江苏大蒜施肥参数。

江苏省大蒜施肥参数

亩产目标/（千克/亩）		施肥总量/（千克/亩）			氮（N）肥运筹	磷（P$_2$O$_5$）肥运筹	钾（K$_2$O）肥运筹
		氮（N）	磷（P$_2$O$_5$）	钾（K$_2$O）	基肥；返青肥；膨大肥	基肥	基肥；返青肥
大面积	1 200~1 400	20~22	10~12	12~14	基肥40%；返青肥25%；膨大肥35%	基肥100%	基肥100%
丰产方	1 400~1 600	22~24	12~14	14~16	基肥38%；返青肥15%；膨大肥47%	基肥100%	基肥65%；返青肥35%
攻关田	1 600~1 800	24~26	14~16	16~18	基肥50%；返青肥20%；膨大肥30%	基肥100%	基肥70%；返青肥30%
建议每亩用量（攻关田）：基肥施用尿素26千克＋过磷酸钙116.7千克＋硫酸钾22.4千克；返青尿素10.4千克；膨大肥施用尿素15.7千克＋硫酸钾9.6千克					备注：因大蒜种植覆盖地膜，返青和膨大追肥需在降水天气进行，若无降水需大量水灌溉		

苗期

苗期后期

返青期

抽薹期

大蒜各生长时期田间长势

苗期

苗期后期

返青期前

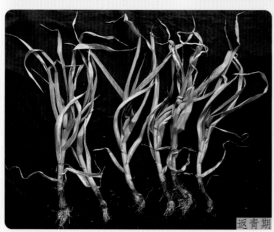

返青期

抽薹期

大蒜各生长时间近照

3.5.5 大蒜缺素症及防治

大蒜缺素症及防治措施

缺素	典型症状	防治措施
氮（N）	抑制生长，叶片失绿发黄直至枯死	①多施用有机肥，增加土壤肥力； ②亩追 6~8 千克尿素
磷（P）	植株矮小，根系发育差，叶片减少，同时新叶暗绿，老叶和茎秆呈紫红色	①必须在基肥中添加磷肥； ②叶面喷施 0.2%~0.3% 磷酸二氢钾溶液，进行 2~3 次，每次间隔 5~7 天
钾（K）	老叶和叶缘发黄变褐，植株矮小	①亩追 6~8 千克硫酸钾； ②叶面喷施 0.4%~0.5% 磷酸二氢钾溶液，进行 2~3 次，每次间隔 5~7 天
钙（Ca）	叶片下弯出现坏死斑，根系生长差，蒜头膨大受阻	①基肥使用带钙素的磷肥； ②叶面喷施 0.1%~0.2% 的螯合态钙肥，进行 2~3 次，每次间隔 5~7 天

缺素	典型症状	防治措施
镁（Mg）	嫩叶顶部变黄并向基部扩展直至坏死	叶面喷施 0.1%~0.2% 的硫酸镁溶液，每隔 5~7 天喷施 1 次，严重时可增加喷施频率
硫（S）	叶色变浅失绿，影响蒜头品质及产量	同大蒜正常追肥节点，亩追 15~20 千克硫酸铵
硼（B）	抑制生长，叶片弯曲且黄绿相间，蒜头疏松	①叶面喷施 0.1%~0.2% 的硼酸溶液，进行 2~3 次，每次间隔 5~7 天；②亩施用 1 千克的硼砂

缺氮（叶片发黄）

缺磷（植株矮小）

缺磷（根系发育不良）

缺钾（叶缘发黄变褐）

缺钙（下弯出现坏死斑）

缺镁（嫩叶顶部变黄）

3.5.6 水分管理

根据大蒜的形态特点和生长特性，水分管理的要求是：

播种到出苗要求水分供应充足，但土壤也不能过湿，如果播种时土壤耕作质量差，墒情不好，加上覆土过浅，会出现**跳瓣**现象（大蒜播种后扎新根时，有时会把蒜瓣顶得离地面很近或露出土面），但如果浇水过多，土壤湿度大，容易引起**烂母**现象（种蒜蒜瓣腐烂），因此从播种到出苗，土壤以湿润、不淹渍为宜。

出苗后，适当降低土壤湿度，防止蒜苗徒长，促进根系向纵深发展，**退母**（种蒜因养分逐渐萎缩并干瘪成膜状）后保持较高的土壤湿度，促进植株生长。

抽薹期也要保证水分供应充足，以利催秧、催薹快长。

采薹期前要控制水分，待植株稍萎蔫时抽薹不易折断，采薹后要立即浇水，以保证养分运输到贮藏器官中，蒜头生长达到最大值时要控制土壤水分，促进蒜头成熟以提高蒜头质量和耐藏性。

根据管理需求，具体操作如下：

一般可在冬前小雪前后视土壤、苗情、天气情况，浇 1 次越冬水，浇越冬水不宜过晚。否则，由于结冰，给植株生长造成伤害。

大蒜越冬返青后，根据天气、土壤含水量及土壤种类，浇返青水 1 次。以江苏徐州地区为例，沙土地浇水要适当提早，可在 2 月底到 3 月初，壤土地浇返青水适期为 3 月 15 日左右，黏土地浇水应适当延迟，可在3月下旬，结合浇水每亩追施复合肥10千克，以促进幼苗生长。视天气情况，一般4月中旬浇1次水，保证蒜薹生长，最后在收获前3~10天视情况再适量浇1次水，为起蒜做准备，但不宜过量，否则会导致蒜头易烂不耐储存。

3.6 冻害发生与预防

3.6.1 冻害定义

大蒜在越冬期间，会经受低温，引起植株体冰冻而丧失生理活力，甚至死亡的低温灾害，即为冻害。

①极端低温天气：大蒜是抗寒性相对较强的作物，能耐受短期-10℃低温。如果-10℃以下低温时间较长，那么大蒜极易发生冻害死苗现象。

3.6.2 冻害主要原因

②品种：不同大蒜品种对低温忍受能力不同，白皮蒜（如莱芜白皮）耐寒力较强，但也有些白皮蒜不耐寒。有些品种常年种植，退化较严重，抗寒性也会下降，极易遭受冻害。

③土壤有机质含量低：大蒜根系浅、须根少，根的营养吸收能力较弱，对土壤要求较高，适宜栽培的土壤必须富含有机质、透气性好。如果长期偏施化肥，那么会造成土壤板结，容易造成大蒜根系发育不良，从而导致抗寒能力差。

④播期偏早：同一大蒜品种不同生育时期对低温的反应有一定差别，幼株以4~5片叶时耐寒性最强，这是秋播大蒜最适宜的越冬苗龄，过大过小均易遭受冻害。北方大蒜常年播种时间一般集中在9月下旬，但随着地膜覆盖技术的普及以及全球气候变暖，此期播种的大蒜往往冬前长势旺，使植株冬前长至7~8片叶以上，有的能达到9片叶，因此抗冻能力减弱，很容易造成大面积冻害。同时，随着种植面积的增加，一些蒜农为节约劳动力成本，也导致播期在不断提前，更易发生冻害。

⑤播种较浅：大蒜适宜浅播，否则可导致出苗迟、幼苗弱和抽薹晚。垄作适宜深度3~4厘米，畦作2~3厘米。若秸秆还田旋耕地块镇压不实，土壤松暗，播种过浅，则易出现低温冻害和干旱灾害。

3.6.3 冻害分级

一级冻害

二级冻害

表现症状：群体50%以上叶片受冻，叶色暗绿至枯黄卷曲，叶片冻害枯黄比例为1/3~2/3，心叶发生延缓，对最终产量影响不大。

表现症状：群体50%以下叶片受冻，叶色先暗绿后枯黄卷曲，叶片冻害枯黄比例在1/3以内，心叶仍正常发生，顶芽生长点亦正常。

三级冻害

表现症状：群体地上部叶片大部受冻，叶片冻害枯黄比例超过2/3，心叶生长缓慢，最终产量下降约10%。

表现症状：群体地上部叶片全部受冻，植株失绿、大部枯黄，最终产量下降约 30%。

表现症状：群体地上部叶片全部受冻，植株枯黄，最终产量下降 50% 以上。

四级冻害

五级冻害

3.6.4 冻害预防措施

①适期播种：适期播种，以保证大蒜越冬前幼苗达 4~5 片叶，这时候大蒜耐寒性较强，以保证壮苗越冬。

②灌溉越冬水：灌溉越冬水，有利于沉实土壤，确保安全越冬，并能弥补早春低温不能浇水的不足。应在土壤封冻前，选择连续 3~5 天的晴好天气，时间应为上午的 10 时后下午 16 时前小水浇地，严禁大水漫灌。

③地面覆盖：若播种时没有覆盖地膜，则在封冻前期，根据实际情况择时选用厚度 0.01 毫米的地膜进行覆盖；也可选用细碎的秸秆进行覆盖；或可在浇足封冻水的前提下，均匀覆盖牛羊干粪肥，厚度一般为 4~5 厘米，填充冻裂缝隙。

④施足基肥：基肥要施足，应多施有机肥，改善大蒜生长的土壤环境，提升大蒜抗逆性，并辅以化肥，同时注意增施微生物菌肥及补充中微量元素。还可施用具有保水功能的土壤改良剂。

⑤喷施氨基酸叶面肥：越冬前喷施一遍氨基酸类叶面肥，可大大提高大蒜的抗冻能力和越冬性。

3.7 病虫害识别与防治

3.7.1 病害识别与防治

病 ①**病毒病** 由洋葱黄矮病毒、鸢尾黄斑病毒及其他多种病毒引起，是造成大蒜品种退化的主要原因。主要症状比较多样，大致可以分为两类：一类是在叶片上沿着叶脉方向形成褪绿的条斑或者斑块，导致叶片失绿、变黄；另一类主要表现为畸形和矮缩，病株叶片生长异常，表现扭曲或增生等症状，植株矮小。发病重的植株常伴随植株明显矮化，不能抽薹或者蒜薹上具有明显的褪绿斑块；鳞茎球较小、蒜瓣及须根减少，严重时蒜瓣僵硬。

病毒病危害症状

病毒病防治 ①严格选种，选不带毒的蒜种，不在发病地留种，最好采用脱毒大蒜生产种。②消灭蚜虫，蚜虫是病毒传播媒介，需在大蒜生长期及蒜头贮藏期严格防治，防止病毒的重复感染。③实行轮作换茬，避免与大蒜及其他葱类作物连作；加强水肥管理，防止早衰，提高大蒜的抗病能力。④拔除病株，从幼苗期开始，对种田进行严格选择，发现病株及时拔除，以减少病害传播。⑤药剂防治，发病初期喷1.5%植病灵乳剂1 000倍液，或20%病毒A可湿性粉剂500倍液，或10%混合脂肪酸水剂100倍液，或菇类蛋白多糖（抗毒剂1号）250~300倍液。⑥及时喷施10%吡虫啉可湿性粉剂3 000倍液，或10%蚜虱净可湿性粉剂300克/亩等防治蚜虫。

病毒病危害症状

② 叶枯病 由匍柄霉菌引起，主要危害叶片和花梗，叶片多从下部叶片叶尖开始发生，发病初期病斑呈水渍状，叶色逐渐减退，叶面出现灰白色稍凹陷的圆形斑点。病斑扩大后变为灰黄色至灰褐色，空气湿度大时为紫黑色，病斑表面密生黑褐色霉状物。病斑形状不整齐，有梭形和椭圆形。病斑大小不一，小的直径仅5~6毫米，大的可扩展到整个叶片。发病部位由下部叶片向上部叶片扩展蔓延。花梗受害易从病部折断，最后病部散生许多黑色小粒点。发病严重时，植株生长势弱，地上部矮黄萎缩甚至提早枯死，迟抽薹或不抽薹，蒜头和蒜薹产量降低，外观品质大大降低。

叶枯病防治 ①合理轮作，与非百合科蔬菜轮作2年以上。②加强田间管理，合理密植，合理施用氮、磷、钾肥，雨后及时排水，及时清除田间病残体。③药剂防治，发病初期，用10%苯醚甲环唑水分散粒剂30~60克/亩，一季作物最多施用3次，安全间隔期7天；或60%唑醚·代森联水分散粒剂60~100克/亩，间隔7~10天连续施药，每季作物最多施药3次；或25%咪鲜胺乳油100~120毫升/亩，连续施药2~3次，施药间隔7~10天；或50%咪鲜胺锰盐可湿性粉剂50~60克/亩喷雾，每7~10天施药1次，视病情和天气情况用药2~3次。

叶枯病危害症状

叶枯病危害症状

病 ③**紫斑病** 由葱链格孢菌引起，主要危害叶和花梗，贮藏期危害鳞茎。田间发病多开始于叶尖或花梗中部，初呈稍凹陷白色小斑点，中央淡紫色，扩大后病斑呈纺锤形或椭圆形，黄褐色甚至紫色，病斑多具有同心轮纹，湿度大时，病部长出黑色霉状物，即病菌分生孢子梗和分生孢子。严重时病斑逐渐扩大，致全叶枯黄。贮藏期染病，鳞茎颈部变为深黄色或黄褐色软腐。南方苗高10~15厘米时开始发病，生育后期危害最甚，北方主要在生长后期发病。

防治 紫斑病防治 ①合理轮作，与非百合科蔬菜轮作2年以上。②加强田间管理，选择地势高、通风、排水都良好的地块栽培；适期播种，合理密植，合理施用氮、磷、钾肥，雨后及时排水；及时清除田间病残体。③药剂防治，参照叶枯病的防治方法。

紫斑病危害症状

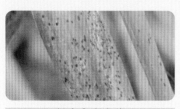

锈病危害症状

病 ④**锈病** 由葱柄锈菌引起，主要危害叶片和假茎。病部初为椭圆形褪绿斑，后在表皮下出现圆形或椭圆形稍凸起的夏孢子堆，表皮破裂后散出橙黄色粉状物，即夏孢子；病斑周围有黄色晕圈，发病严重时，病斑连片致全叶黄枯，植株提前枯死。后期在未破裂的夏孢子堆上产出表皮不破裂的黑色冬孢子堆。

锈病防治 ①发病初期及时摘除病叶深埋或烧毁。②施足肥料，注意氮、磷、钾肥合理搭配。③药剂防治，发病初期用 18.7% 丙环·嘧菌酯悬浮剂 30~60 毫升（制剂用量）/亩，使用间隔 7~10 天，每季最多使用 2 次，安全间隔期蒜薹 7 天，青蒜 10 天，大蒜 14 天；或 325 克/升苯甲·嘧菌酯悬浮剂 20~40 毫升（制剂用量）/亩，一季最多施用 2 次，施药间隔 10 天，安全间隔期 14 天；或 75% 戊唑·嘧菌酯水分散粒剂 10~15 克（制剂用量）/亩，叶面喷雾 1~2 次，视天气变化和病情发展，间隔 7~10 天。

锈病危害症状

病 ⑤白腐病 由白腐小核菌引起，主要危害叶片、叶鞘和鳞茎。初染病时外叶叶尖呈条状或叶尖向下变黄，后扩展到叶鞘及内叶，植株生长衰弱，整株变黄矮化或枯死，拔出病株可见鳞茎表皮产生水渍状病斑，长有大量白色菌丝层，病部呈白色腐烂，菌丝层中生出大小为 0.5~1.0 毫米的黑色小菌核，茎基变软，鳞茎变黑腐烂。田间成团枯死，形成一个个病窝，地下部多从接近须根部分开始发病，病部先呈湿润状，后逐渐向上扩展产生大量白色菌丝。

防治

白腐病防治 ①选用优质蒜种。②与非百合科作物实行 3~4 年轮作，或水旱轮作。③早春追肥提苗，提高植株抗病能力。发现病株及时挖除，最好在形成菌核前进行。④药剂防治，使用 50% 多菌灵可湿性粉剂稀释 500 倍液灌根处理，视病情间隔 10~14 天灌根 1~2 次。

白腐病危害症状

病 ⑥**根腐病** 由尖孢镰刀菌引起，主要危害根茎，贮藏期危害鳞茎。植株感病后，初生根由根尖向基部腐烂，而后，次生根相继腐烂，部分植株连蒜母一起腐烂，腐烂处有恶臭味，易引发地蛆及其他寄生性害虫。病株叶片褪绿发黄，并从叶尖开始沿叶脉纵向软腐，植株矮小；根系发黄腐烂，蒜头小，严重时整个植株死亡。

防治 **根腐病防治** ①合理轮作，与非百合科蔬菜轮作 2 年以上。②加强田间管理，选择地势高、通风、排水都良好的地块栽培；适期播种，合理密植，合理施用氮、磷、钾肥，雨后及时排水；及时清除田间病残体。③药剂防治，根腐病为土传病害，发病后用药效果差，故应做好种子处理。发病后化学防治参见白腐病的防治方法。

根腐病危害症状

3.7.2 虫害识别与防治

虫 ①**葱蝇（蒜蛆）** 葱蝇，又称蒜蛆、葱地种蝇、葱蛆，幼虫群集蛀食植株的地下根茎和鳞茎，并引起地下部分腐烂，地上部分生长矮小、叶片发黄、萎蔫，严重者整株枯死，危害严重时枯苗率一般达 10%~20%，严重者达 50% 以上，甚至毁种或绝收。

蒜蛆及危害症状

防治 **蒜蛆防治** ①合理轮作，与非百合科蔬菜轮作 2 年以上。②加强田间管理，选择地势高、通风、排水都良好的地块栽培。③选用健康蒜种，并使用 27% 苯醚甲环唑·咯菌腈·噻虫胺种子处理悬浮剂拌种后播种，可有效减轻危害；或者使用 25% 噻虫嗪水分散粒剂 180~360 克/亩，蒜蛆始发期进行根部喷淋 1 次，每季作物最多施药 1 次，在青蒜和蒜薹上的安全间隔期为 10 天，在大蒜上的安全间隔期为收获期。

②**蚜虫** 危害大蒜的蚜虫有桃蚜、葱蚜，属同翅目蚜科。尤以桃蚜为主，其寄主多达 38 科 144 种植物。虫害造成蒜叶蜷缩变形，褪绿变黄而枯干；同时传播大蒜花叶病毒，导致大蒜种性退化。

蚜虫

防治

蚜虫防治 ①清洁田园，及时处理田边地头杂草，清除残枝败叶。②黄板诱杀，利用蚜虫对黄色的趋性，每亩放 20×20 厘米的黄板 20~25 块进行诱杀。③药剂防治，应掌握"见虫就防，治早治少"的原则，早春大蒜蚜虫易发生时及早喷药防治，把蚜虫控制在点片发生阶段。可选用 5% 吡虫啉乳油 900~1200 毫升（制剂用量）/公顷，或 25% 噻虫嗪水分散粒剂 120~225 克（制剂用量）/公顷，兑水喷雾，7~10 天施药 1~2 次进行防治。

③**葱蓟马** 葱蓟马属于世界性害虫，寄主植物除大蒜外，还包括大葱、洋葱、茄子、黄瓜、菜豆、甘蓝等多种蔬菜以及棉花、烟草等作物。主要危害叶片，被害叶片形成许多细密长条形白色斑痕，叶片发黄萎蔫，严重时扭曲畸形、焦枯、干枯脱落，影响光合作用而减产。

葱蓟马及危害症状

防治

葱蓟马防治 ①适时防治，当种群数量达到经济阈值时应进行防治。②保护天敌，选择对蓟马捕食性天敌安全的药剂，在田边可种植向日葵或某些杂草等，吸引蓟马的天敌（如小花蝽）栖息，切勿在这些替代寄主植物上喷洒杀虫剂或除草剂。③清洁田园，作物收获后及时清除，清理田间杂草。④药剂防治，2.5% 多杀霉素悬浮剂 1 000~1 500 毫升（制剂用量）/公顷；5% 吡虫啉乳油 720~900 毫升（制剂用量）/公顷；25% 噻虫嗪水分散粒剂 225~300 克（制剂用量）/公顷；2.4% 虫螨腈悬浮剂 4 500~7 500 毫升（制剂用量）/公顷；15% 唑虫酰胺乳油 750~1 200 毫升（制剂用量）/公顷。

3.8 蒜薹及蒜头采收

3.8.1 蒜薹采收

若以收获蒜头为主要目的，采摘蒜薹时应尽量保持假茎完好，促进蒜头生长。若以采收蒜薹为主要目的，可剖开或用针划开假茎，以获高产。但是假茎剖开后，植株容易枯死，蒜头的产量低，且容易散瓣。采收蒜薹应做到适期、适时采收。

适期采收 蒜薹抽出叶鞘，并开始甩弯时，是收获蒜薹的适宜时期。采收蒜薹早晚对蒜薹产量和品质有很大影响。采薹过早，蒜薹产量低，易折断，商品性差，采薹过晚，虽然可以提高蒜薹产量，但是会消耗过多的养分，影响蒜头的生长发育，而且蒜薹组织尤其是基部组织老化，纤维增多，食用价值降低。

适时采收 蒜薹采收宜在晴天中午和午后进行，此时植株有些萎蔫，叶鞘与蒜薹容易分离，且叶片有韧性，不容易折断，可减少伤叶。若在雨天、雨后或者早晨采收蒜薹，此时水分比较大，植株已充分吸水，蒜薹和叶片韧性差，极易折断。

采收蒜薹

3.8.2 蒜头采收

蒜薹采收后20~30天，叶片枯萎假茎松软时即可采收蒜头。采收时在距离蒜头约4厘米处下铲，下铲深度约5厘米，同时应轻拔轻放，以免磕碰损伤蒜头，影响大蒜品质。

采收蒜头

3.8.3 蒜田废弃物处理

秸秆处理：主要包括直接还田和饲料化处理，也可进行发酵制成肥料。

地膜处理：普通聚乙烯（PE）地膜应进行回收。

3.9 全程机械化生产

　　大蒜的全程机械化包括：分选、分瓣、耕整、播种、肥水、植保、收获、加工等环节。为了便于机械化收获，必须统一耕整地，统一行距、株距。耕整地、植保、加工等环节的机械化一般都有通用机械设备，专用机械设备主要在播种和收获。

筛分

大蒜分选机

大蒜分瓣机

耕整

旋耕

起垄（部分地区）

播种

勺链式

播种覆膜一体机

指夹式

旋耕播种一体机

气吸式

播种机按取种方式可分勺链式、指夹式、气吸式等，其中后两者可配正芽机构，实现正芽播种，以提高商品性；按功能可分为播种覆膜一体机、旋耕播种一体机等。

肥水

植保

节水灌溉

有机肥撒肥车

高地隙施药机

植保无人机

收获

松土式

四行收获机

牵引挖掘式

六行收获机

剪茎挖掘式
分段式收获机

剪秆装袋式
联合收获机

加工

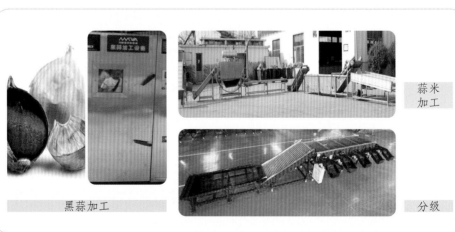

黑蒜加工

蒜米
加工

分级

大蒜是蔬菜产业中规模化生产程度较高的产业，具有数字化和信息化生产的产业基础。本章节首先介绍了应用于大蒜生产的土壤和作物的信息感知内容和模块，在此基础上，形成了大蒜面积、密度、长势、冻害、虫害、水肥等定量监测和决策系统，建立了集北斗自动导航、农机作业智能监测与控制管理、无人机精准施药施肥测控、水肥一体化等为一体的智能控制管理系统（平台），实现了为大蒜收获适期预测、产品品质评价与追溯、收购、销售和行情信息等提供个性化服务总体要求。

4

大蒜数字化信息化生产

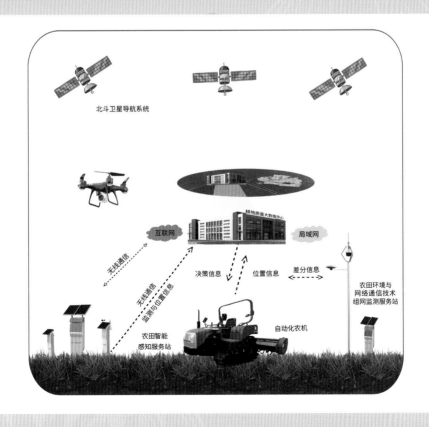

4.1 信息感知

4.1.1 土壤监测

土壤墒情监测。依托于田间建立的土壤墒情监测站，对蒜田土壤墒情、环境气候等情况进行实时监测，为大蒜的生产管理提供决策依据。

土壤养分监测。通过土壤氮素原位监测设备、人工取土化验等方式对土壤养分进行有效监测，为后续施肥提供精准决策。

蒜田综合监测站

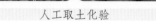

土壤氮素原位监测　　　　　　　　人工取土化验

4.1.2 作物监测

星—空—地遥感协同监测。通过卫星（星）、无人机（空）、苗情长势监测站及手持速测仪（地）进行信息采集，基于蒜田主要土壤类型养分指标监测结果，结合大蒜需肥规律和目标产量预测、县域尺度"大底方"和田块内"小处方"因苗管理的氮肥变量施用。在主推配方基础上，根据测土数据与遥感融合的大蒜需肥规律、关键生育期长势分级结果和处方施肥决策模型，专题制作"1+N"，即县域1张、N个乡镇各1张的田块处方施肥预测预报图。

卫星遥感监测（星）：农业卫星遥感能够快捷、大面积、无损地监测大蒜长势，评估病虫害以及冻害、干旱等灾害发生程度与分布，预判大蒜产量与品质，提前制定科学、精准的决策方案指导生产。

无人机巡田遥感监测（空）：通过无人机机载多光谱传感器、高清摄像机巡田进行谱—图信息采集，对大蒜氮素营养快速诊断与精准施肥处方决策、农业灾害损失评估以及大蒜长势、产量与品质等预报。

无人机遥感监测

大蒜长势与养分原位监测（地）：可以固定地点现场监测，也可以手持在田间进行随机选点现场监测，并在手机应用程序（APP）上实时获取大蒜叶绿素、生物量等信息。"把把脉、照照光，开个处方促成长"，满足"合适地点投入合适量"的农艺要求，实现智能感知大蒜长势、精准追肥和产量"未收先知"。

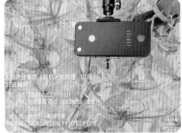 

地面遥感手持速测

苗情长势监测。结合田间建设的物联网监测终端，可以实现对大蒜苗情的实时监测，便于确定大蒜长势状况。

虫害监测。通过田间建设的虫情监测终端，能够合并展示蒜田气象情况、虫体种类、数量等信息，直观分析虫体的发生规律，方便用户结合虫害的发生情况，更加准确地对虫害的发生趋势进行分析和预警。

苗情长势监测

虫情监测设备

大蒜氮素养分定量遥感信息提取。以江苏省徐州市邳州市车辐山镇为例，通过对获取的无人机高清数码影像进行处理，生成大蒜冠层的正射影像，并进行植被指数运算，获得预测值，并以点状图形式呈现。

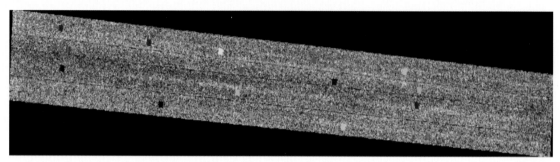

邳州市 2020—2021 年无人机影像拼接（以车辐山镇为例）

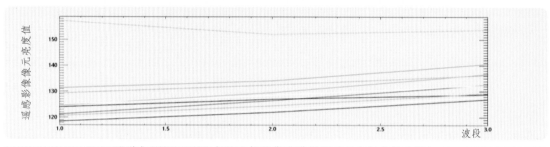

邳州市 2020—2021 年无人机影像光谱提取（以车辐山镇为例）

由光谱计算氮素与植被指数相关性，同时使用线性回归方程与实测的氮素值进行拟合构建单变量回归模型。

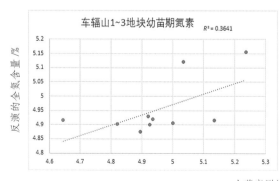
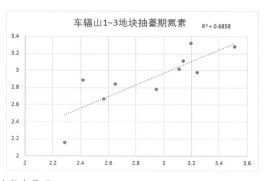

大蒜实测的全氮含量 /%

大蒜氮素估测值与实测值拟合结果（以车辐山镇为例）

依据氮素与植被指数相关性及拟合的回归模型，生成地块级的大蒜氮素分布图。

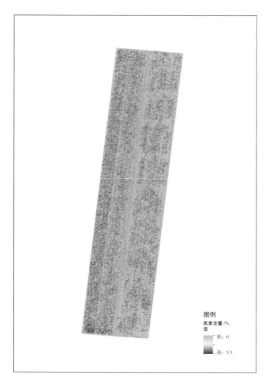
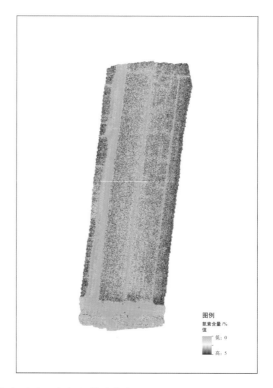

1~3地块大蒜幼苗期氮素分布图（以车辐山镇为例）

4.2 定量决策

4.2.1 大蒜遥感种植面积提取

通过卫星影像与实地调查结合的方法，对大蒜种植面积进行提取。采用决策树进行初步提取以尽可能减少空间异质性，再对光谱特征和纹理特征（减少同物异谱和异物同谱）结合大蒜样本点进行机器学习算法，得到大蒜种植面积。

作物面积：大蒜62万亩，小麦70万亩
制图时间：2021-01-20

邳州市 2020—2021 年度大蒜和小麦种植分布图

4.2.2 大蒜种植密度提取

为了区别出大蒜和小麦，首先对大蒜苗样本照片进行分割处理，利用软件对分割后的样本图片进行蒜苗标记处理，对每一棵蒜苗进行准确的标记，作为样本识别，同时采用深度网络模型对其进行数据的内部处理，从而区分出大蒜与小麦，提取出大蒜种植密度。

大蒜苗标记图

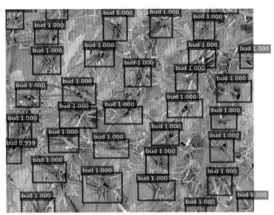

大蒜苗识别效果图

4.2.3 大蒜遥感长势监测分析

通过提取的大蒜种植面积分类图，对各个生育期内的卫星影像进行掩膜，获得大蒜种植区的影像图；计算代表大蒜长势的归一化植被指数，通过归一化植被指数的"均值—标准差"实现大蒜长势分级。

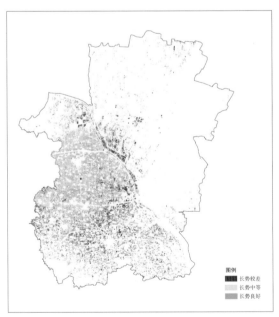

2020年10月5日

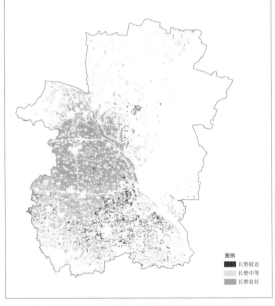

2020年11月15日

邳州市 2020—2021 年度大蒜长势图

制图单位：国家农业信息化工程技术研究中心、江苏诺丽人工智能有限公司

2020 年 12 月 27 日

2021 年 2 月 21 日

2021 年 3 月 2 日

2021 年 3 月 17 日

邳州市 2020—2021 年度大蒜长势图

制图单位：国家农业信息化工程技术研究中心、江苏诺丽人工智能有限公司

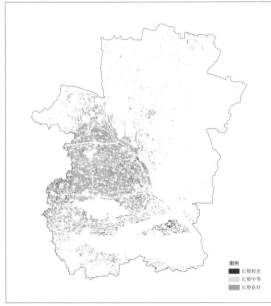

| 2021 年 4 月 9 日 | 2021 年 5 月 1 日 |

邳州市 2020—2021 年度大蒜长势图

制图单位：国家农业信息化工程技术研究中心、江苏诺丽人工智能有限公司

4.2.4 大蒜冻害分级

通过卫星影像结合实地调查点对邳州市的大蒜冻害受灾面积进行提取并分级。

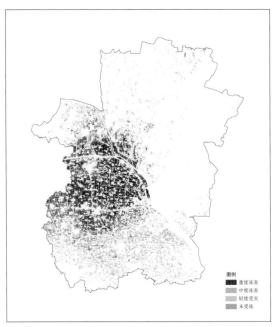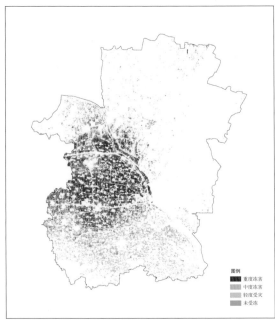

| 2021 年 1 月 11 日 | 2021 年 1 月 31 日 |

邳州市 2020—2021 年度大蒜冻害分级图

制图单位：国家农业信息化工程技术研究中心、江苏诺丽人工智能有限公司

4.2.5 大蒜测土配方施肥决策

大蒜测土配方施肥决策模型基于国家"县域测土配方施肥决策系统"建立，采用"氮素预测＋磷钾比累积曲线"，设计江苏省各主产区域大蒜测土配方施肥主推配方，发布各主产区域大蒜科学施肥方案。

大蒜测土配方施肥决策模型

4.2.6 大蒜虫害发生等级决策

根据田间建设的虫情测报装置，将收集的害虫分别进行分段存放和拍照，并将数据发送至监测平台，平台整理分析每天的数据，根据图片与数据，可对每个时间段内收集的害虫进行虫体分类与计数，结合环境温湿度形成虫体虫类曲线图、分布图和数据报表，反馈给用户。设备的各种功能可通过网络远程设置、修改和读取，还可根据需要远程拍摄照片并上传到服务器。

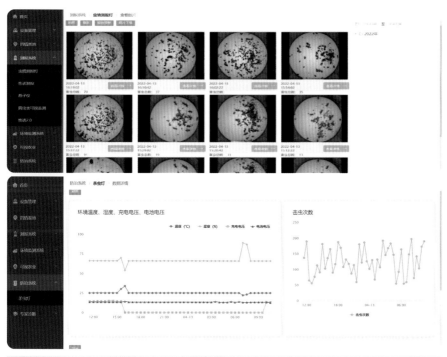

大蒜虫情测报系统

4.2.7 大蒜需水灌溉决策

大蒜需水灌溉决策模型采用水量平衡方法，将大蒜根系活动区域以上的土层视为一个整体，针对大蒜在不同生育期的需水量和土壤质地，根据有效降水量、灌水量、地下水补给量与作物需水量（ET值）之间的平衡关系，确定大蒜需水量和灌溉量。

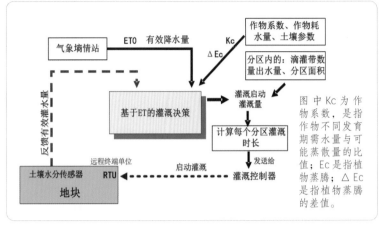

图中Kc为作物系数，是指作物不同发育期需水量与可能蒸散量的比值；Ec是指植物蒸腾；△Ec是指植物蒸腾的差值。

大蒜需水灌溉决策

4.3 智能控制

4.3.1 北斗自动导航系统

农机上加装北斗自动导航系统。基于车辆运动学的速度、预瞄距离自适应路径跟踪方，能够实现蒜田作业机械在全速段作业条件高精度自动导航。

拖拉机加装北斗自动导航系统

4.3.2 农机作业智能监测终端

在农机上安装作业智能监测终端，可以实现农机作业的卫星定位跟踪、农机作业实时监测、面积自动计量、作业量统计、远程图像监测、作业区界分析、轨迹回放、统计报表打印。

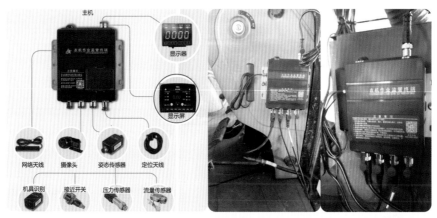

农机作业智能监测终端

4.3.3 无人机精准施药施肥测控系统

通过无人机精准施药施肥在线测控系统，可以根据无人机的实时速度来控制无人机喷洒肥药液的流量，以保证施药的精准性和均匀性。

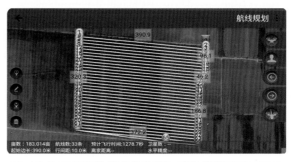

无人机精准施药施肥测控系统

4.3.4 农机作业精准控制管理平台

农机作业精准控制管理平台，融合计算机测控等多项技术，搭建农机作业管理与服务系统，对蒜田、机手、机具、农机作业等进行综合信息汇总、分析、预警和监管，实现对农机动态监管、精确调度、精准控制、应急指挥等业务高质量、高效率的支撑，提升农机作业信息管理化水平。

农机作业轨迹监管

4.3.5 蒜田水肥一体化智能管理系统

水肥一体化将灌溉与施肥融为一体，通过可控管道系统供水供肥，使水肥相融后通过管道、喷枪或喷头进行喷灌，均匀、定时、定量地喷洒在蒜田，使蒜田土壤始终保持疏松和适宜的含水量，同时根据大蒜的需肥特点、土壤环境和养分含量状况，把水分、养分定时定量按比例直接提供给大蒜。

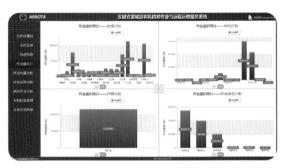

农机作业面积统计分析

农业机械作业无人化

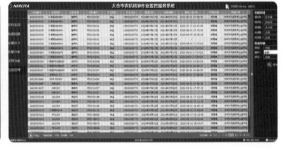

农机作业信息统计

蒜田水肥一体化智能管理系统

4.3.6 蒜田智能灌溉管理平台

　　智慧灌区管理平台面向灌区管理部门及各级管水员，能够完成灌区有关数据、图像、水利活动等信息的采集、传输、处理、存储和应用，直接服务于灌区防汛、工程管理和节水灌溉智能化管理，可实现泵站、渠道、田间灌溉的远程闸门自动控制和水情实时监测，可为灌区工程安全运行提供保障，提高水资源优化配置及用水效率，为管水员提供高效管理工具，远程控制泵站、闸门及灌溉启停。通过实施农田灌溉智能化管理，改变传统的大水漫灌方式，依据田间水分等实时状况以及给排水需求进行精准灌溉，实现水分高效利用。

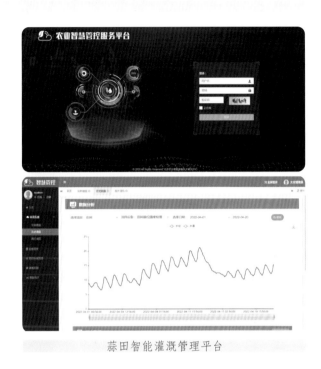

蒜田智能灌溉管理平台

4.4 个性化服务

4.4.1 大蒜收获适期预测

　　结合大蒜品种、种植时间、当季气候条件、实时长势监测等要素对大蒜收获期进行合理预测，指导蒜农在最佳收获时期收获大蒜，促进大蒜生产实现产量最大化。

大蒜收获适期预测

4.4.2 大蒜收购、销售信息对接服务

　　搭建蒜田监测与社会化服务平台，蒜农及收购加工企业可在平台上发布销售或收购信息，为蒜农和大蒜收购加工企业提供产需信息对接服务。

大蒜收购、销售信息对接服务

4.4.3 大蒜行情信息服务

搭建蒜田监测与社会化服务平台，平台上发布大蒜种植面积、产量产值、价格行情等信息，提供大蒜行情信息服务。

4.4.4 大蒜产品品质评价与追溯服务

通过田间智能监控系统终端提供大蒜产品品质评价与追溯服务。该系统主要由高清影像采集传感器、模块采集控制箱等硬件系统，以及农事操作、投入品使用、农产品全程生产质量专家自动评估服务系统、云控管理等软件系统构成。通过对蒜田环境大蒜生长情况及投入品使用的智能监测，以及软件对相关信息进行系统研判，实现大蒜品质的自动评估。

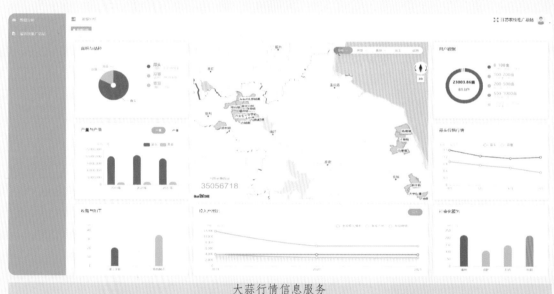

大蒜行情信息服务

大蒜品种自动评估及安全生产全程追溯

大蒜浑身是宝，有着"天然广谱抗生素"的亘古光环，在医疗与保健等领域的巨大潜能被予以厚望。本章概述了大蒜的外观、内在品质组成因子、初级产品和加工产品的品质分级标准，从品种、土壤、农艺措施等方面分析了影响大蒜品质的因素，为实现高品质大蒜生产提供了科学依据。

5

大蒜品质

叶酸 3 微克
能量 149 千卡

钾　锌　锰　铁　钙　铜　硒　磷　碳

维生素 B1　维生素 B2　维生素 B3　维生素 B4　维生素 B5　维生素 B6

5.1 品质指标

大蒜品质
- 外观品质
  - 品相
  - 形状：近圆形、扁圆形、高圆形
  - 大小
  - 色泽：白皮、红皮
- 营养品质
  - 大蒜辣素 0.02%~0.75%
  - 可溶性蛋白 2~10 毫克 / 千克
  - 可溶性糖 0.5%~2.0%
  - 维生素 C 2~12 毫克 / 千克

> 大蒜的功效主要源于大蒜辣素，在完整无损的大蒜中不存在大蒜辣素，只有在大蒜受到机械损伤后，细胞质内的蒜氨酸与液泡内的蒜酶相遇，发生催化反应才能得到大蒜辣素。

蒜氨酸被蒜酶催化形成大蒜辣素过程（分子式）

5.1.1 初级产品品质指标

大蒜等级分类： 参照《大蒜等级规格》（NY/T 1791-2009）。

大蒜等级

大蒜等级	要求
特级	同一品种，色泽一致，形状规则，坚实饱满，蒜头外皮完整，无机械伤，无根须、蒜皮、蒜茎、空腔蒜等，梗长 1.5~2.0 厘米
一级	同一品种，色泽基本一致，形状较规则，坚实饱满，蒜头外皮基本完整，无机械伤，无根须、蒜皮、蒜茎、空腔蒜等，梗长 1.5~2.0 厘米
二级	同一品种或相似品种，较坚实饱满，允许外皮有少量裂痕或剥落，允许有少量形状不规则蒜，允许有轻微机械伤以及带少量根须和蒜皮、蒜茎、空腔蒜等，梗长 1.0~3.0 厘米

注：独头蒜梗长小于 1.0 厘米。交易双方对梗长有特殊要求的可按双方协议执行。

大蒜规格分类： 参照《大蒜等级规格》（NY/T 1791-2009）和《徐州白蒜分等分级》（DB32/T 608-2009）。

大蒜规格（单位：厘米）

规格	特级	一级	二级	三级	等外
蒜头横径	≥6.0	5.5~6.0	5.5~5.0	5.0~4.5	<4.5

注：山东苍山、云南等地小型大蒜的规格划分可向下顺延不超过 1 厘米；独头蒜规格划分可向下顺延不超过 2 厘米。

5.1.2 加工产品品质指标

大蒜油

用水蒸气蒸馏法从大蒜鳞茎中制得的食品添加剂大蒜油。

大蒜油的感官要求和理化指标应符合《食品添加剂 大蒜油》(GB 1886.272—2016)的要求。

大蒜油感官要求

项目	要求	检验方法
色泽	黄色至橘红色	将试样置于比色管内，用目测法观察
状态	液体	
气味	大蒜特有的强烈的刺激性气味	《香料 香气评定法》(GB/T 14454.2—2008)

大蒜油理化指标

项目	指标	检验方法
相对密度(25℃/25℃)	1.050~1.120	《香料 相对密度的测定》(GB/T 11540—2008)
折光指数(20℃)	1.550~1.590	《香料 折光指数的测定》(GB/T 14454.4—2008)

脱水蒜片：切片，片型大于4毫米，经机械干燥制成的蒜片【参照《出口脱水大蒜制品检验规程》(SN/T 0230.2-2015)】。感官指标和理化指标符合下表。

脱水蒜片感官指标

项目	优级品	一级品	二级品
色泽	乳白	乳黄	淡黄
形态	片型完整，大小均匀，无碎片	片型完整，大小较均匀，无碎片	片型大小基本均匀
气味	具有蒜特有辛辣味，无异味		允许有轻微焦味
杂质	不得检出		≤0.1克/千克

脱水蒜片理化指标

项目	优级品	一级品	二级品
水分最大含量%，(质量比)《食品中水分的测定》(GB 5009.3—2016)	8.0	8.0	8.0
总灰分%，(质量比)《食品中灰分的测定》(GB 5009.4—2016)，折干计，最大	5.5	5.8	6.0
不溶于酸的灰分%，(质量比)《食品中灰分的测定》(GB 5009.4—2016)，折干计，最大	0.5	0.8	1.0

脱水蒜粒：切片，经加工粒型能通过1.25~4.00毫米孔径筛，经机械干燥制成的蒜粒【参

照《出口脱水大蒜制品检验规程》（SN/T0230.2-2015）】。感官指标和理化指标符合下表。

脱水蒜粒感官指标

项目	优级品	一级品	二级品
色泽	乳黄	淡黄	深黄
气味	具有蒜特有辛辣味，无异味		允许有轻微焦味
纯度，微米	250~850（60~20目筛）95%通过	250~850（60~20目筛）93%通过	250~850（60~20目筛）90%通过
斑点	允许微量黄斑点	允许微量黄黑斑点	允许有黑斑点

脱水蒜粒理化指标

项目	优级品	一级品	二级品
水分最大含量%，（质量比）《食品中水分的测定》（GB 5009.3—2016）	6.0	6.0	6.0
总灰分%，（质量比）《食品中灰分的测定》（GB 5009.4—2016），折干计，最大	5.5	5.8	6.0
不溶于酸的灰分%，（质量比）《食品中灰分的测定》（GB 5009.4—2016），折干计，最大	0.5	0.8	1.0

脱水蒜粉：95%以上能通过0.25毫米孔径筛的粉状，经机械干燥制成的蒜粉【参照《出口脱水大蒜制品检验规程》（SN/T 0230.2—2015）】。感官指标和理化指标符合下表。

脱水蒜粉感官指标

项目	优级品	一级品	二级品
色泽	乳白	乳白	淡黄
气味	具有蒜特有辛辣味，无异味		允许有轻微焦味
纯度，微米	250（60目筛）95%通过	250（60目筛）93%通过	250（60目筛）90%通过
斑点	允许微量黄斑点	允许微量黄黑斑点	允许有少量黑斑点

脱水蒜粉理化指标

项目	优级品	一级品	二级品
水分最大含量%，（质量比）《食品中水分的测定》（GB 5009.3—2016）	6.0	6.0	6.0
总灰分%，（质量比）《食品中灰分的测定》（GB 5009.4—2016），折干计，最大	5.5	5.8	6.0
不溶于酸的灰分%，（质量比）《食品中灰分的测定》（GB 5009.4—2016），折干计，最大	0.5	0.8	1.0

5.2 品质形成影响因素

5.2.1 大蒜品种

长期以来，大蒜在不同生态环境下，通过人为定向选择培育和自然淘汰，形成了变异丰富的品种资源及适宜一定生态环境的本地品种，所栽培的品种具有明显的区域适应性。

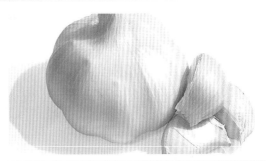

邳州白蒜

品种和产地是影响大蒜品质的重要因素之一。不同地区和品种的大蒜间的品质成分含量有显著差异，S－甲基－L－半胱氨酸（SMC）、色氨酸、γ－氨基丁酸（GABA）、酪氨酸、精氨酸和苏氨酸是不同省份大蒜之间的主要差异成分。不同产地、品种和不同表皮颜色的大蒜中的可溶性糖、淀粉、蛋白质和含硫化合物等均有差异。

中牟紫皮大蒜

5.2.2 土壤本底环境

土壤的物理、化学性质及生物多样性对大蒜的产量品质有着重要影响。大蒜耐寒、需肥较大，对土壤的适应性很强，但以土层深厚、有机质丰富的微酸性沙质壤土最为适宜，而在微碱性土壤中也能良好生长。在碱性较大的土壤中种蒜，蒜种容易腐烂，植株生长不良，独头蒜增多，蒜头变小。按照大蒜生长对自然环境的一般要求，通常要考虑土壤质地构型、pH 值、土壤有机质、磷、钾、硫、铜、锌、锰等指标。

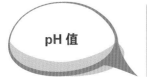

土壤质地构型是土体内不同质地土层的排列组合，土壤质地构型的好坏对土壤水、肥、气、热等因素具有调节作用，良好的土体构型是土壤肥力的基础。

pH 值

pH 值主要影响土壤养分有效性，除此外还与土壤微生物的活动、有机质的合成与分解、氮与磷营养元素的转化与释放，以及元素的迁移和养分的保持有密切的关系。

土壤有机质指存在于土壤中含碳的有机物质，包括植物和动物的残体、微生物及其分解和合成的各种有机质，对土壤物理、化学和生物学性质都有着重要的影响。

磷是大蒜生长发育需要量较高的营养元素之一，随着土壤中磷含量水平的提高，大蒜可溶性糖含量呈增加的趋势，但维生素C的含量随施磷量增加呈下降趋势，磷还对钾的吸收具有促进作用；钾对蒜头外观形态的改善、单蒜重量的增加及蒜头内可溶性碳水化合物、氨基酸总量增加具有促进作用，钾还能提高蒜苗和蒜薹的维生素C和可溶性糖含量，改善大蒜品质。

硫及微量元素铜、锌、锰等影响大蒜的生长发育及品质。

磷、钾、硫及微量元素对大蒜生长发育及品质影响

元素种类	对大蒜生长发育及品质影响
磷	生长发育需要量较高的营养元素，能促进钾的吸收，随着土壤中磷含量水平的提高，大蒜可溶性糖含量呈增加的趋势，但维生素C的含量随施磷量增加呈下降趋势
钾	改善鳞茎外观，增加鳞茎重量，促进鳞茎内可溶性碳水化合物、氨基酸总量的增加，提高蒜苗和蒜薹的维生素C和可溶性糖含量，改善大蒜品质
硫	大蒜辣素的主要成分，有利于促进大蒜对氮、磷、钾的吸收，提高大蒜产量和品质
铜	影响大蒜的氮素代谢，在一定含量范围内，铜有利于鳞茎蒜氨酸的形成，改善大蒜品质特征
锌	许多合成酶的组成成分，能有效地促进光合作用，还参与生长素与蛋白质的合成，在一定含量范围内也可增加鳞茎蒜氨酸含量
锰	酶的组分，调节酶的活性，参与大蒜光合作用，在一定含量范围内可增加大蒜产量，增加鳞茎径围

5.2.3 管理方式

优良的土壤本底环境，搭配好的管理方式可以使大蒜增产提质。

合理轮作

大蒜种植区多为旱地，以旱旱轮作为主。有的地区可进行水旱轮作，如江苏邳州地区采取蒜—稻轮作，有利于缓解大蒜连作障碍发生问题，提高大蒜品质。

科学合理施肥

①**测土配方施肥** 试验表明，在大蒜生产中氮、磷、钾、硫肥料配比为（1.8~2.0）:1.0:（1.2~1.5）:（0.6~0.7），这个配比对大蒜增产提质效果显著。

②**增施有机肥** 增施有机肥一可改良土壤理化性状，增强土壤肥力；二可使迟效与速效肥料优势互补；三可减少化肥的挥发与流失，增强保肥性能，较快地提高供肥能力；四可提高作物抗逆性、改善品质，并对减轻环境污染有显著效果。

在大蒜生产上，结合蒜田地力差异、土壤养分丰缺程度，按照大蒜需肥规律，融合有机、无机、微生物多元化养分配伍增效技术，实现基于"大配方、小调整"策略的养分均衡调控。经对江苏省邳州市宿羊山镇、车辐山镇、碾庄镇等地连续两年的检测发现，有机肥部分替代化肥两年试验示范区硒元素为 121.05 微克／千克，分别比常规施肥和有机肥替代化肥一年示范区提高 3.9 倍和 1.5 倍；大蒜辣素含量为 774.28 毫克／千克，分别比常规施肥和有机肥替代化肥一年示范区提高 63.79% 和 8.27%。

③ **施 用 叶 面 肥** 施用叶面肥可促进营养物质的快速吸收，弥补土壤施肥的不足，提高作物抗逆性、产量与品质。叶面喷施尿素、磷酸二氢钾、氨基酸与钙镁锌硼铁肥等肥料，都能不同程度提高大蒜叶片叶绿素含量，提高鳞茎维生素C、可溶性蛋白、可溶性糖含量与大蒜产量。

有机肥部分替代化肥试验（邳州市）

有机肥部分替代化肥处理区大蒜长势

地面覆盖

地面覆盖具有蓄水保墒、调节地温的作用。能保证大蒜的需水要求，有利于大蒜品质改善。覆盖可降解地膜、秸秆等可提高大蒜可溶性糖和可溶性蛋白及大蒜辣素含量，从而提高大蒜品质。

4 种可降解地膜田间降解试验（覆膜后 50 天）

4 种可降解地膜田间降解试验（覆膜后 120 天）

4 种可降解地膜田间降解试验（覆膜后 150 天）

大蒜是重要的出口创汇蔬菜，仓储物流是保障产品保值增值的重要环节。本章介绍了我国大蒜仓储容量、入库前的环节和存储条件，讲述了大蒜及其产品国内、国际流通的环节，从出口量、市场占有率等方面明确了中国大蒜在国际大蒜贸易中的地位。

6

大蒜仓储与贸易

6.1 仓储物流

6.1.1 大蒜仓储主要环节

增强大蒜仓储能力是提升产区竞争力的重要途径，2020年我国大蒜冷库储存量达440万吨，大蒜市场每年9月到翌年5月的货源均出自冷库，储存时间可达8个月。大蒜经过2~3个月的休眠期后，在气温高于5℃以上时就会发芽，需冷库长期保存（最好于7月中旬以前入库），以保障大蒜品质，适宜的贮藏温度为-1~-3℃，适宜的空气相对湿度为50%~60%，空气中适宜氧气含量为3.5%~5.5%，适宜二氧化碳浓度为12%~16%。

大蒜仓储主要环节

晾晒 ➡ 分拣整理 ➡ 分级 ➡ 包装 ➡ 入库

大蒜晾晒

大蒜分拣整理

大蒜分级

包装

入库储存

6.1.2 大蒜物流主要环节

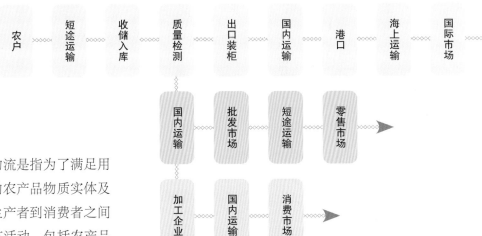

农产品物流是指为了满足用户需求进行的农产品物质实体及相关信息从生产者到消费者之间的物理性经济活动，包括农产品收购、运输、储存、装卸、搬运、包装、配送、流通加工、分销等一系列环节，在这一过程中实现农产品保值增值，最终送到消费者手中。大蒜物流是大蒜流通的主要载体，主要包括短途运输销售、收储企业收购和冷库储藏、国内市场流通、加工企业产品加工和销售、出口国际市场等环节。

大蒜收购及短途运输

初加工及入库

质量检测

出口装柜

港口

海上运输

国内物流运输

　　从世界大蒜的出口流向来看，中国、西班牙、阿根廷、荷
兰、马来西亚和墨西哥分别占据世界大蒜出口市场的前六名。
我国作为大蒜出口最大的国家，已经出口到全球近 140 个国家
和地区，大蒜出口量每年 200 万吨左右，约占世界大蒜贸易的
80%。亚洲是我国大蒜出口主销市场，约占总出口量的 70%，
由于生活和饮食习惯所致，东盟为亚洲进口中国大蒜最多的国
家，约占总出口量的 50%，其中印度尼西亚是我国大蒜最大的
出口国家。我国大蒜出口的主要省份有山东、江苏、河南、广西、
广东、福建、辽宁，占大蒜总出口量的 94%，山东省是我国大
蒜出口最大的省份，出口量占全国总出口量的 60% 左右。

中国大蒜出口示意图

大蒜是重要的保健型香辛料作物，产品类型多，如保鲜大蒜、黑蒜及其加工产品、蒜片、蒜粉、蒜粒、腌渍蒜、蒜蓉酱等。本章以图片的形式展现了大蒜加工的工艺流程和产品，让读者能够更直观地了解大蒜加工利用情况。

7

大蒜加工与消费利用

7.1 保鲜大蒜

原料验收 ➟ 整理 ➟ 原料暂存 ➟ 冷藏 ➟ 挑选

装车发运 ⬅ 产品储存 ⬅ 成品检验 ⬅ 称重装箱 ⬅

保鲜大蒜工艺流程

精品保鲜大蒜

7.2 黑蒜加工

大蒜 ➟ 发酵 ➟ 晾干 ➟ 分级 ➟ 包装 ➟ 金探 ➟ 储存

大蒜的黑魔法

黑蒜生产工艺流程

黑蒜产品

黑蒜酱

黑蒜牛肉酱

黑蒜口服液

黑蒜阿胶糕

黑蒜酱油、黑蒜醋

黑蒜延伸产品

7.3 脱水大蒜加工

原料 → 分瓣 → 去皮 → 风选 → 清洗 → 去石

烘干 ← 甩干 ← 清洗 ← 切片

运输 ← 包装

脱水蒜片工艺流程

蒜片

蒜粒

蒜粉

7.4 其他加工产品

糖醋蒜

深加工产品

盐水蒜米

调味蒜蓉

剁椒蒜蓉

蒜蓉酱

大蒜因其独特的营养和保健功效，在我国形成了悠久的大蒜农耕和饮食文化，大蒜产业在三产融合发展中的作用越来越大，同时在世界各地也诞生了许多以大蒜为主题的节庆文化。本章从饮食、营养保健、主题节日、场馆、美术及创意产品等层次阐述了大蒜文化与休闲，让读者能够更深刻地了解神奇的大蒜。

8

大蒜文化与休闲

8.1 饮食文化

品蒜之旅

大蒜在我国饮食文化中占据着重要地位。潘尼《钓赋》记载，西戎之蒜，南夷之姜。酸咸调适，齐和有方。大蒜自古以来作为蔬菜和调味品被人们食用，其蒜头、蒜苗、蒜薹均可作为蔬菜食用。作为调味品，食用方法和加工方式多样，常见的有蒜泥、蒜膏、蒜酱、糖蒜、蒜片、蒜粉、蒜粒、蒜蜜及蒜汁醋、调料粉等加工产品。

糖蒜

蒜薹肉丝

蒜头

蒜米和蒜片

蒜苗炒肉

蒜苗炒香肠

蒜黄炒蛋

蒜蓉

腊八蒜

糖蒜

调味大蒜

烤大蒜

蒜蓉大虾

蒜泥扇贝

蒜蓉龙虾

8.2 营养保健功效

大蒜的营养价值和保健功效已得到人们的普遍认同。我国民间和传统中医对大蒜的保健和食疗作用都有大量的记载和论述。《中药大辞典》记载，大蒜性温，味辛，入脾、胃、肺经，可行滞气、暖脾胃、解毒、杀虫，治疗饮食积滞、脘腹冷痛、水肿胀满、痢疾、疟疾、百日咳、痈疽肿毒、白秃癣疮、蛇虫叮咬等症。唐代陈藏器所著《本草拾遗》中有大蒜治癌的病例，有患痃癖者（即癌症），取大蒜数片吞之，名曰内灸，果获大效。《本草拾遗》还记载大蒜可"下气消谷化肉"，是为良药。唐代孙思邈所著《千金方》记载，将大蒜捣烂贴两足心，能治泄泻暴痢。明代兰茂所著《滇南本草》记载，大蒜能祛寒痰，解水毒。明代李时珍在《本草纲目》中记载，大蒜可通五脏、祛寒湿、辟邪恶、削痈肿、化积食。

大蒜的保健功效在中国民间也以谚语的形式广为流传。

【只要三瓣蒜，痢疾好一半】
【大蒜是个宝，常吃身体好】
【大蒜煎汤，预防感冒是良方】
【贴上蒜芥膏，头疼就能好】
【吃葱不吃蒜，肚子里面就捣乱】
【糖醋大蒜汤，降压是秘方】
【大蒜塞鼻中，清热解毒又祛风】
【口含生大蒜，感冒好一半】
【蒜敷涌泉穴，能止鼻出血】
【大蒜是个宝，抗癌效果好】
【大蒜不值钱，能防脑膜炎】
【糖醋大蒜汤，降压是秘方】

"蒜"你有文化　　爱蒜不分国界

8.3 节庆文化

大蒜在全世界受到普遍欢迎，世界各地逐渐发展形成了以"大蒜"为主题的节庆活动。从1981年起每年的4月26日被确定为国际大蒜节，4月为国际大蒜节宣传月。美国加利福尼亚州的古尔罗伊（Gilroy）镇，自1979年开始，每年盛夏时节都举行新鲜有趣的大蒜节，成为美国七大美食节之一。

美国 Gilroy 大蒜节

美国 Gilroy 大蒜节

中国首届大蒜节于 2001 年 4 月 26 日在山东省济宁市金乡县举行，之后各大蒜主产区逐步发展形成大蒜节、大蒜产业峰会、产业论坛、擂台赛等丰富多样的大蒜交流活动。政府搭台，群众唱戏，以蒜为媒，广交朋友。扩大开放，促进交流与合作，增强大蒜文化底蕴，推动大蒜产业健康发展。

第二届国际（邳州）大蒜产业峰会

第七届中国·金乡大蒜节

第三届兰陵（苍山）大蒜节

8.4 主题场馆

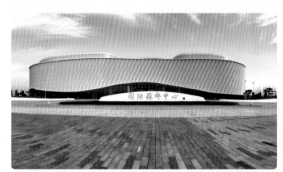

金乡国际蒜都中心（2020年建成使用）

邳州大蒜馆（2018年建成使用）

邳州黎明集团大蒜馆

8.5 农谚

【七月葱，八月蒜，九月油，十月麦】

【立秋栽葱，白露栽蒜】

【七月葱，八月蒜，九月不栽是懒汉】

【春播种蒜不出九，出九长独头】

【冬月白菜家家有，腊月蒜苗绿丛丛】

【好庄稼离不开勤劳汉，好厨子离不开葱姜蒜】

【夏至起蒜，必定散了瓣】

【八月半，种早蒜，八月中，种大葱】

【冻不死的葱，旱不死的蒜】

【深栽茄子浅栽葱，深长蒜薹浅长蒜】

【葱怕雨淋蒜怕晒】

【端午不在地，重阳不在家（大蒜）】

8.6 美术作品

8.7 创意作品

附录：大蒜标准体系

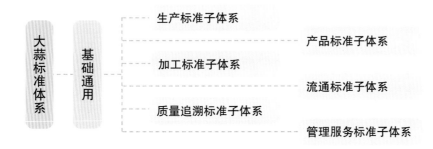

标准编号	标准名称
	GB/T 1.1—2020	标准化工作导则 第 1 部分：标准化文件的结构和起草规则
	GB/T 12366—2009	综合标准化工作指南
	GB/T 13016—2018	标准体系构建原则和要求
	GB/T 20000.1—2014	标准化工作指南 第 1 部分：标准化和相关活动的通用术语
	GB/T 20000.3—2014	标准化工作指南 第 3 部分：引用文件
基础通用	GB/T 20002.4—2015	标准中特定内容的起草 第 4 部分：标准中涉及安全的内容
	GB/T 20000.6—2006	标准化工作指南 第 6 部分：标准化良好行为规范
	GB/T 20001.1—2001	标准编写规则 第 1 部分：术语
	GB/T 20001.2—2015	标准编写规则 第 2 部分：符号标准
	GB/T 20001.3—2015	标准编写规则 第 3 部分：分类标准
	GB/T 33450—2016	科技成果转化为标准指南
	……	……
	GB/Z 26578—2011	大蒜生产技术规范
	GB 5084—2021	农田灌溉水质标准
	GB/T 23416.1—2009	蔬菜病虫害安全防治技术规范 第 1 部分：总则
	GB/T 23416.9—2009	蔬菜病虫害安全防治技术规范 第 9 部分：葱蒜类
	GB/T 3543.1—1995	农作物种子检验规程 总则
	GB/T 7414—1987	主要农作物种子包装
	GB/T 7415—2008	农作物种子贮藏
	GB 13735—2017	聚乙烯吹塑农用地面覆盖薄膜
	GB/T 18877—2020	有机无机复混肥料
生产标准子体系	GB 20464—2006	农作物种子标签通则
	GB/T 25413—2010	农田地膜残留量限值及测定
	GB 38400—2019	肥料中有毒有害物质的限量要求
	NY/T 391—2021	绿色食品 产地环境质量
	NY/T 848—2004	蔬菜产地环境技术条件
	NY/T 393—2020	绿色食品 农药使用准则
	NY/T 394—2021	绿色食品 肥料使用准则
	NY/T 1224—2006	农用塑料薄膜安全使用控制技术规范
	NY/T 1464.22—2007	农药田间药效试验准则 第 22 部分：除草剂防治大蒜田杂草
	NY/T 1782—2009	农田土壤墒情监测技术规范
	NY/T 2725—2015	氯化苦土壤消毒技术规程
	NY/T 405—2000	脱毒大蒜种蒜（苗）病毒检测技术规程

标准编号	标准名称
NY/T 1654—2008	蔬菜安全生产关键控制技术规程
NY/T 3029—2016	大蒜良好农业操作规程
……	……
GB/T 5009.218—2008	水果和蔬菜中多种农药残留量的测定
GB 2761—2017	食品安全国家标准 食品中真菌毒素限量
GB 2762—2022	食品安全国家标准 食品中污染物限量
GB 2763—2021	食品安全国家标准 食品中农药最大残留限量
GB/T 5009.38—2003	蔬菜、水果卫生标准的分析方法
GB/Z 21724—2008	出口蔬菜质量安全控制规范
GB 29921—2021	食品安全国家标准 预包装食品中致病菌限量
GB 5009.3—2016	食品安全国家标准 食品中水分的测定
GB 5009.4—2016	食品安全国家标准 食品中灰分的测定
GB 5009.5—2016	食品安全国家标准 食品中蛋白质的测定
GB/T 5009.10—2003	植物类食品中粗纤维的测定
GB 5009.14—2017	食品安全国家标准 食品中锌的测定
GB/T 5009.20—2003	食品中有机磷农药残留量的测定
GB 5009.90—2016	食品安全国家标准 食品中铁的测定
GB 5009.93—2017	食品安全国家标准 食品中硒的测定
GB 5009.124—2016	食品安全国家标准 食品中氨基酸的测定
GB/T 5009.199—2003	蔬菜中有机磷和氨基甲酸酯类农药残留量快速检测
GB/T 10467—1989	水果和蔬菜产品中挥发性酸度的测定方法
GB/T 10468—1989	水果和蔬菜产品 pH 值的测定方法
GB/T 19557.12—2018	植物品种特异性、一致性和稳定性测试指南 大蒜
GB/T 20769—2008	水果和蔬菜中 450 种农药及相关化学品残留量的测定 液相色谱 – 串联质谱法
GB 23200.8—2016	食品安全国家标准 水果和蔬菜中 500 种农药及相关化学品残留量的测定 气相色谱 – 质谱法
GB/T 23379—2009	水果、蔬菜及茶叶中吡虫啉残留的测定 高效液相色谱法
GB/T 23380—2009	水果、蔬菜中多菌灵残留的测定 高效液相色谱法
NY/T 762—2004	蔬菜农药残留检测抽样规范
NY/T 789—2004	农药残留分析样本的采样方法
NY/T 1201—2006	蔬菜及其制品中铜、铁、锌的测定
NY/T 1800—2009	大蒜及制品中大蒜素的测定 气相色谱法
NY/T 2347—2013	植物新品种特异性、一致性和稳定性测试指南 大蒜
NY/T 2643—2014	大蒜及制品中蒜素的测定 高效液相色谱法
NY/T 3871—2021	大蒜中蒜氨酸的测定 高效液相色谱法
NY/T 5340—2006	无公害食品 产品检验规范
NY/T 2798.1—2015	无公害农产品 生产质量安全控制技术规范 第 1 部分：通则
NY/T 2798.3—2015	无公害农产品 生产质量安全控制技术规范 第 3 部分：蔬菜
NY/T 744—2020	绿色食品 葱蒜类蔬菜
NY/T 1791—2009	大蒜等级规格
NY/T 3115—2017	富硒大蒜
NY/T 1453—2007	蔬菜及水果中多菌灵等 16 种农药残留测定 液相色谱 – 质谱 – 质谱联用法
GH/T 1194—2022	大蒜
SN/T 0230.1—2016	进出口脱水蔬菜检验规程
SN/T 0230.2—2015	出口脱水大蒜制品检验规程
SN/T 0626—2011	出口速冻蔬菜检验规程

产品标准子系统

	标准编号	标准名称
	SN/T 0876—2000	进出口白皮蒜头检验规程
	SN/T 0976—2012	进出口油炸水果蔬菜脆片检验规程
	SN/T 0978—2011	出口新鲜蔬菜检验规程
	SN/T 1104—2002	进出境新鲜蔬菜检疫操作规程
	SN/T 1122—2017	进出境加工蔬菜检疫规程
	SN/T 1953—2007	进出口腌制蔬菜检验规程
	SN/T 2806—2011	进出口蔬菜、水果、粮谷中氟草烟残留量检测方法
	SN/T 2904—2011	出口低温真空冷冻干燥果蔬检验规程
	SN/T 3934—2014	出口食品中霉菌的霍华德计数方法
	SN/T 4552—2016	进出境大蒜检疫规程
	……	……
加工标准子体系	GB/T 18526.3—2001	脱水蔬菜辐照杀菌工艺
	GB 1886.272—2016	食品安全国家标准 食品添加剂 大蒜油
	NY/T 435—2021	绿色食品 水果、蔬菜脆片
	NY/T 1497—2007	饲料添加剂 大蒜素（粉剂）
	NY/T 1987—2011	鲜切蔬菜
	NY/T 1045—2014	绿色食品 脱水蔬菜
	NY/T 1081—2006	脱水蔬菜原料通用技术规范
	NY/T 1208—2006	葱蒜热风脱水加工技术规范
	NY/T 1406—2018	绿色食品 速冻蔬菜
	NY/T 1408.4—2018	农业机械化水平评价 第4部分：农产品初加工
	NY/T 1529—2007	鲜切蔬菜加工技术规范
	LS/T 3256—2017	大蒜油
	SB/T 10439—2007	酱腌菜
	……	……
流通标准子体系	GB/T 34768—2017	果蔬批发市场交易技术规范
	GB/T 33129—2016	新鲜水果、蔬菜包装和冷链运输通用操作规程
	GB/T 32950—2016	鲜活农产品标签标识
	GB/T 8867—2001	蒜薹简易气调冷藏技术
	GB/T 23244—2009	水果和蔬菜 气调贮藏技术规范
	GB/T 24700—2010	大蒜 冷藏
	GB/T 26432—2010	新鲜蔬菜贮藏与运输准则
	GB/T 29372—2012	食用农产品保鲜贮藏管理规范
	NY/T 1056—2021	绿色食品 贮藏运输准则
	NY/T 2320—2013	干制蔬菜贮藏导则
	NY/T 3914—2021	蒜薹低温物流保鲜技术规程
	NY/T 658—2015	绿色食品 包装通用准则
	NY/T 1655—2008	蔬菜包装标识通用准则
	GH/T 1224—2018	农资物流信息系统技术规范
	GH/T 1130—2017	蒜薹冷链物流保鲜技术规程
	SB/T 10029—2012	新鲜蔬菜分类与代码
	SB/T 10447—2007	水果和蔬菜 气调贮藏原则与技术
	SB/T 10158—2012	新鲜蔬菜包装与标识
	SB/T 10882—2012	大蒜流通规范
	SB/T 10889—2012	预包装蔬菜流通规范

标准编号	标准名称
SB/T 10928—2012	易腐食品冷藏链温度检测方法
……	……
GH/T 1086—2013	农资商品电子代码编码规则
GH/T 1199—2018	农资零售市场信息采集技术规范
GH/T 1200—2018	农资追溯电子标签（RFID）技术规范
GH/T 1222—2018	种子零售管理信息化技术规范
GH/T 1223—2018	种子追溯系统建设技术规范
GH/T 1225—2018	农资质量追溯体系建设规范
NY/T 2531—2013	农产品质量追溯信息交换接口规范
NY/T 3180—2018	土壤墒情监测数据采集规范
NY/T 1993—2011	农产品质量安全追溯操作规程蔬菜
RB/T 148—2018	有机产品全程追溯数据规范及符合性评价要求
RB/T 152—2016	出口作物类农产品监管链评价要求
SN/T 4529.2—2016	供港食品全程 RFID 溯源规程 第 2 部分：蔬菜
……	……
GB/T 33407—2016	农业社会化服务 农业技术推广服务组织建设指南
GB/T 33408—2016	农业社会化服务 农业技术推广服务组织要求
GB/T 34802—2017	农业社会化服务 土地托管服务规范
GB/T 36209—2018	农业社会化服务 农机跨区作业服务规范
GB/T 37070—2018	农业生产资料供应服务 农资仓储服务规范
GB/T 37670—2019	农业生产资料供应服务 农资销售服务通则
GB/T 37675—2019	农业生产资料供应服务 农资电子商务交易服务规范
GB/T 38307—2019	农业社会化服务 农业良种推广服务通则
GB/T 38370—2019	农业社会化服务 农机维修养护服务规范
GB/Z 32339—2015	创意农业园区通用要求
GB/Z 32711—2016	都市农业园区通用要求
TD/T 1021—2009	县级土地利用总体规划制图规范
TD/T 1022—2009	乡（镇）土地利用总体规划制图规范
TD/T 1024—2010	县级土地利用总体规划编制规程
TD/T 1025—2010	乡（镇）土地利用总体规划编制规程
TD/T 1027—2010	县级土地利用总体规划数据库标准
TD/T 1028—2010	乡（镇）土地利用总体规划数据库标准
TD/T 1035—2013	县级土地整治规划编制规程
SB/T 10598—2011	农资配送中心运营管理规范
……	……

质量追溯标准子体系

管理服务标准子体系